高等院校土建专业互联网＋新形态创新系列教材

建筑与环境艺术模型制作

（微课版）

郑　爽　陈　洁　主　编

胡　兰　徐　明　副主编

清华大学出版社

北　京

内 容 简 介

本书系统地介绍了建筑与环境艺术模型制作的相关内容。本书分为7章：第1章为绪论，主要介绍模型的概念、模型的起源及发展脉络，以及模型的分类；第2章主要讲述模型制作前期应当准备的材料、工具及设备，以及模型制作的场所；第3章从创意素材的搜集、构图及色彩搭配三个方面讲解模型制作的前期艺术策划的方法；第4章到第6章分别从景观、室内环境、建筑三个方面具体讲述模型制作的方法；第7章介绍模型制作完成后的拍摄方法和相关摄影技巧。

本书可作为本科和专科建筑学、风景园林、环境设计、城乡规划等专业人才培养的教材，也可供相关技术人员和模型爱好者阅读参考。

图书在版编目(CIP)数据

建筑与环境艺术模型制作：微课版 / 郑爽，陈洁主编. —北京：清华大学出版社，2023.4（2025.1重印）
高等院校土建专业互联网+新形态创新系列教材
ISBN 978-7-302-63177-4

Ⅰ.①建… Ⅱ.①郑… ②陈… Ⅲ.①模型（建筑）—制作—高等学校—教材 Ⅳ.①TU205

中国国家版本馆CIP数据核字（2023）第060956号

责任编辑：石　伟
封面设计：刘孝琼
责任校对：吕丽娟
责任印制：刘海龙
出版发行：清华大学出版社
　　　　　网　　　址：https://www.tup.com.cn，https://www.wqxuetang.com
　　　　　地　　　址：北京清华大学学研大厦A座　　　　邮　　编：100084
　　　　　社 总 机：010-83470000　　　　　　　　　　邮　　购：010-62786544
　　　　　投稿与读者服务：010-62776969，c-service@tup.tsinghua.edu.cn
　　　　　质量反馈：010-62772015，zhiliang@tup.tsinghua.edu.cn
印 装 者：三河市铭诚印务有限公司
经　　销：全国新华书店
开　　本：185mm×260mm　　　　印　　张：9.5　　　字　　数：228千字
版　　次：2023年4月第1版　　　　印　　次：2025年1月第4次印刷
定　　价：59.00元

产品编号：093728-01

前言

　　随着社会的发展和科技的进步，环境设计、建筑设计等相关专业在教学中已经将模型设计与制作列入不可或缺的专业核心课程。模型制作使创作构思获得一种具体形象化的表现，它比图纸更具有空间感，加上匹配的周围环境，更能增强设计师的整体环境意识。通过建筑、室内及景观模型的制作，可研究设计本身的功能、空间的比例和色彩等诸方面关系。因此，模型是环境及建筑设计的重要辅助手段。

　　在高校课程教学改革的背景下，很多院校的模型设计与制作课程已经不仅是指导学生完成等比例的建筑或室内外环境手工模型制作，还是将其作为一件艺术品来设计，在了解建筑及环境空间尺度的同时，强调整体环境的营造，从材料、色调、素材选择上提升学生的审美意识。

　　本教材相较于传统模型制作教材更偏向于艺术创作，强调学生模型设计与制作中创意思维的培养与实践。通过若干微课视频的讲解让读者对重点和难点有更深刻的认识和理解，同时通过优秀作品赏析，让学生在了解制作方法的同时有学习的方向和目标。

　　本教材的编写安排如下：郑爽编写第 1 章至第 3 章的内容，胡兰编写第 4 章景观环境模型制作的内容，陈洁编写第 5 章室内环境模型制作和第 6 章建筑模型制作的内容，徐明编写第 7 章建筑与环境艺术模型的摄影的相关内容，最后由郑爽负责全书的统稿、审校和完善工作。本教材在编写中，参考了大量相关专业的书籍和文

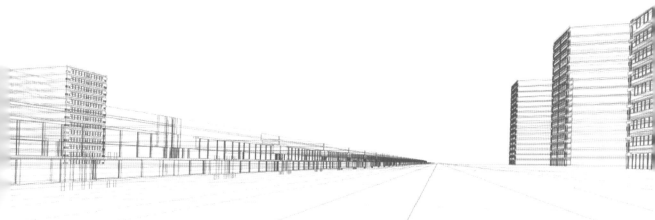

献资料，在此一并对作者表示衷心的感谢，教材中的部分图片素材由同学们及刘艺轩老师提供，并得到了陈荣老师的摄影技术指导，在此一并表示感谢。

虽然本教材在编写中力求讲解充分、科学，但受到客观因素的限制，难免有疏漏之处，恳请读者及广大师生批评指正，以便在今后的再版中不断改进和完善。

编　者

目录

习题案例答案及
课件获取方式

第1章 绪 论

✏️ 重点及难点

1. 了解模型的概念。
2. 了解模型的起源及发展。
3. 掌握模型的分类及特征。

📦 1.1 模型概述

1.1.1 模型的概念

模型一般分为实体模型（具有质量和体积的实体物件）和虚拟模型（通过数字表现的、用电子数据构成的形体）。宋代的《说文解字》中曾出现了我国古代最早的模型概念："以木为法曰'模'，以土为法曰'型'。"在营造构筑之前，利用直观的模型来权衡尺度，虽盈尺而尽其制。

　　本书所涉及的模型即为实体模型。建筑与环境艺术模型是指以艺术的表现手法展现出来的建筑实体模型和室内、景观环境模型。建筑与环境艺术模型是在遵循建筑原有比例结构的基础之上，按照一定的微缩比例，将二维的图纸转换为三维的立体空间形式。它一般采用易于加工与切割的材料，建筑模型重在表现建筑形态、建筑结构、建筑色彩三者之间的关系。贵阳的山水城市是马岩松 MAD 事务所设计的城市综合体项目，通过吹塑板将建筑的外部结构和肌理完整地表现出来，让人有着更加直观的视觉感受，如图 1-1 所示。室内环境模型着重表现室内空间关系、材质、色彩等。图 1-2 所示为哈佛大学建筑学专业小住宅设计课程学生的作业，学生需要通过模型制作和设计来推敲内部空间与家具（软装）之间的联系。图 1-3 所示为室内的铺地材料、家具陈设。室外景观模型则重点表现植物配置关系，铺装材质、水体、地形等。图 1-4 所示为某公司制作的景观环境模型，通过地面材质铺贴、水体表现、植物色彩搭配、灯光等素材以等比例的形式还原了优美的园林环境。

图 1-1　建筑模型（贵阳·山水城市）

图 1-2　建筑及室内环境模型

图 1-3　室内环境模型　　　　　图 1-4　景观环境模型

 1.1.2　模型学习的目的和意义

模型制作的目的，不仅是供业主（甲方）和管理者审查、论证，而且是创作者、设计者研究自己作品的直观表现手法，并成为建筑设计的重要手段。模型制作使创作构思获得一种具体形象化的表现，它比图纸更具有空间感，加上匹配的相关周围环境，更能增强设计师的整体环境意识。通过建筑、室内及景观模型的制作，可研究设计本身的功能、空间的比例和色彩等诸方面关系。因此，模型是环境及建筑设计的重要辅助手段。

扫一扫 看视频

1.2　模型的起源及发展脉络

几个世纪以来，实体模型一直都是建筑学教学和实践中的重要工具。模型使得设计者和客户可同时探究设计方案的规划图、侧视图和透视图。实体模型可模拟不同建筑之间的空间关系，从而探究其建造系统。即使在超高质量渲染和虚拟现实（VR）已经普及的现代，实体模型在建筑的设计、展示和表现上也经得起考验。无论是 5 分钟速成的纸制模型，还是精心雕刻的木制模型，用心选择材料都可以改变建模过程，使设计师保持抽象的思维并测试结构的物理特性。

1.2.1 模型的起源

我国在封建社会早期就已经出现了建筑模型的雏形，其最早的含义是浇筑的型样（铸型），用于供奉神灵的祭品放置在墓室中。我国最早的建筑模型是汉代的"陶楼"，它作为一种"明器"随葬于地下。这种陶楼采用土坯烧制而成，外观与木结构楼阁的造型十分相似，雕梁画栋，制作精美，但其仅用于祭祀，与同时期的鼎、案、炉等祭祀器物没有太大区别。

环境模型最早运用到实际生活中是在军事领域，据《后汉书·马援列传》记载，公元 32 年，汉光武帝征讨陇西的隗嚣，召名将马援商讨进军战略，马援对陇西一带的地理情况很熟悉，就用米堆成了一个类似的地形模型，以便在战术上进行详细分析。

1.2.2 古代模型的发展

唐代以后，仍有明器存在，但是建筑设计和施工都形成了规范，朝廷下属工部主导建设、营造、掌握设计和施工的专业技术人员被称作"都料"。凡大型建筑工程，除了要绘制地形图、界画之外，还要求根据图纸制作模型，著名的赵州桥就是典型的案例。这种营造体制一直延续到清末。17 世纪末，南方匠人雷发达到北京参加营造宫殿的工作。因为技术高超，他很快就被提升担任设计工作。从他起，一共八代直到清朝末年，主要的皇室建筑如宫殿、皇陵（见图 1-5）、圆明园、颐和园等都是雷氏负责设计和修建的，这个世袭的建筑师家族被称为"样式雷"。雷氏家族几代人任职样式房"长班"，历时 200 多年，家藏流传下来的建筑模型诸多，称为"样式雷"烫样。雷氏家族进行建筑设计方案，都按 1/100 或 1/200 的比例先制作模型小样进呈内廷，以供审定。模型多由木条、纸板等最简单的材料制作而成，包括亭台楼阁、庭院山石、树木花坛、水池船坞和室内陈设等几乎所有的建筑构件。这些烫样按不同的比例放置在合适的模型中，根据设计进行布局，烫样可以随意拆卸、灵活组装，使得建筑布局与空间一目了然，可以更好地指导施工。经过反复推敲，皇帝批准之后才可以进行最后的施工。样式雷图档的存世证明中国古代建筑绝不完全是靠工匠的经验修建而成，它充分说明了中国古代高超的建筑设计水平，也填补了中国古代建筑史研究的空白。

图 1-5 "样式雷"烫样

1.2.3 现代模型的发展

　　1811 年,普鲁士王国的文职军事顾问冯·莱斯维茨首次用泥胶制作了一个比较精巧的战场模型,他使用不同的颜色将模型中的道路、河流、树林、建筑分别标示出来,并使用不同的小瓷块代表军队和武器,将其陈列于波茨坦皇宫中用于军事研习。后来,莱斯维茨的儿子对这个沙盘进行了改进,以沙盘、地图标示地形、地貌,并依照实战方式进行模拟演练、战略规划,这就是现代沙盘作业的雏形。从 19世纪末到 20 世纪初,沙盘主要用于军事领域,直到第一次世界大战结束才广泛应用于民用领域。

在西方建筑设计领域，模型作为辅助设计始于 19 世纪后期，西班牙建筑师高迪于 1906 年至 1912 年设计米拉公寓的时候就使用模型辅助设计。20 世纪 20 年代，现代主义建筑崛起，再次将模型设计推向新的台阶。包豪斯设计团队和以现代主义建筑四大师之一的勒·柯布西耶（见图 1-6）为代表的建筑师们逐渐意识到实体建筑模型在建筑设计中的重要性，逐渐将其纳入设计和教学领域。另一位现代主义建筑大师密斯·凡德罗也对模型非常钟爱，图 1-7 所示为他和他的皇冠大厅模型。

中华人民共和国成立之后，模型设计主要经历了三个历史发展时期。第一时期是在北京"十大建筑"（见图 1-8）设计和施工的过程中建筑模型为建筑师设计和构思起到了重要作用。另外，在新中国城市规划过程中，模型也起到了重要作用（见图 1-9）。第二时期是 20 世纪 90 年代初期，随着房地产行业的兴起，建筑模型和户型模型得到了快速的发展和应用。20 世纪 90 年代之前，模型并非单独的行业，只是广告公司的附属产业，直到 1992 年深圳出现了专门从事建筑模型设计制作的公司，其业务逐渐发展到广东、上海、北京等地，成为一个独立的行业。建筑模型和展示模型也得到了快速发展，逐渐成为房地产商推销展示楼盘的主要工具。图 1-10 所示为万科金悦府的沙盘模型，将建筑形态和小区景观制作得十分精巧。图 1-11 展示的别墅户型模型，将室内装饰装修和生活场景展现得淋漓尽致。第三时期是当今模型发展时期，模型制作采用现代科技，既大大提升了工作效率，也合理整合了人力资源，将员工分为若干小组，如电脑制图组、景观制作组、配景制作组、电工组等，形成了一个完整的工作流水线，各小组各司其职，制作出优秀的模型作品。

在当代高校课程教学改革背景下，很多院校模型设计与制作课程已经不仅仅是指导学生完成等比例的建筑或室内外环境手工模型制作，而是将其作为一件艺术品来设计，在了解建筑及环境空间尺度的同时，强调整体环境的营造，从材料、色调、素材选择上提升学生的审美意识。图 1-12 为高校学生的作品，将其设计的建筑以 1∶200 的比例制作出来放置在一片红枫林的小山坡之上，整体色调统一和谐。

图 1-6 研究模型设计的勒·柯布西耶

图 1-7 密斯·凡德罗和他的皇冠大厅模型

中国革命历史博物馆

中国人民革命军事博物馆

全国农业展览馆

人民大会堂

迎宾馆（钓鱼台国宾馆）

民族文化宫

北京火车站

民族饭店

华侨大厦（现已拆除）

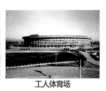
工人体育场

图 1-8 新中国成立初期北京"十大建筑"

图 1-9 1954 年西安老城区沙盘模型

图 1-10 万科金悦府沙盘模型

图 1-11　别墅户型模型

图 1-12　建筑艺术模型

扫一扫 看视频

1.3　模型的分类

模型的种类繁多，但是无论哪种模型都是平立面的转化，即把在绘图板上设计出的平面图、立面图垂直发展成为三维空间形体来较形象地表达建筑或室内外环境。

1.3.1　按功能和用途分类

按照不同的功能和用途可以将模型分为建筑模型（见图1-13）、城市规划模型（见图1-14），园林景观模型（见图1-15）、室内环境模型（见图1-16）等。

图 1-13　建筑模型

图 1-14　城市规划模型

图 1-15　园林景观模型　　　　　　　图 1-16　室内环境模型

1.3.2　按制作深度分类

　　按照模型制作的深度可以将模型分为初步模型（见图 1-17、图 1-18）、标准模型（见图 1-19）和展示模型（见图 1-20）。它们对应于设计图的三个阶段，即方案阶段、扩初阶段和施工图阶段。

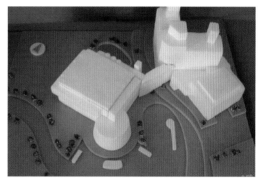

图 1-17　建筑初步模型　　　　　　　图 1-18　城市规划初步模型

图 1-19　建筑设计标准模型　　　　　　图 1-20　展示模型

　　初步模型，是设计者根据基本要求构思出空间结构印象作出初步草图。初步草图可以是平面图，也可以是立面图，然后以此为基础，横向或纵向发展，形成建筑物的空间立体形式。按照这些图纸就可以作出初步模型即为空间构成模型。

标准模型，又称为表现模型，是在初步模型和方案完成后所使用的模型，它较前述模型对建筑物有更细致的刻画，对设计者的思想有更进一步的表达。标准模型必须严格按照一定的比例制作，以便核算标准的空间尺度。建筑形式、外貌越错综复杂，其细部越难准确表达。在制作过程中最重要的是对准确性的把握；对某些复杂的结构构件或细部装饰，常常直接制作成 1∶1 甚至更大的模型，给设计者以直观印象，便于修改并画出详细设计图，为日后施工提供可见的实体。

展示模型可以在建筑竣工前根据施工图制作，也可以在工程完工后按实际建筑物去制作。它的要求比标准模型更严格，对于材质、装饰、形式和外貌要准确无误地表示出来，精度和深度比标准模型更进一步，主要用于教学陈列、商业性陈列，如售楼（房）展示之用。展示模型按制作内容分为单体展示模型、室内展示模型和规划展示模型三种。

1.3.3　按材料分类

1　纸质模型

纸质模型是用纸板和纸质材料制作的模型（见图 1-21、图 1-22），因其制作简单、材料价格低廉、种类繁多而被大量采用，但不易保存，常用于概念设计阶段。纸质材料最适合用作空间测试和平面图纸的绘制。通过使用剪刀和胶带，可以快速、轻松且经济地找到许多解决方案，同时仍可创建动态的建筑架构。

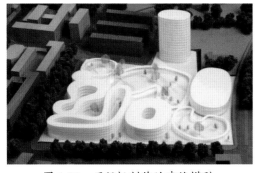

图 1-21　用纸板制作的建筑模型　　　　图 1-22　用卡纸制作的城市规划模型

纸质材料的另一个值得一提的特性就是轻薄和灵活性，它可以在无应力的情况下折叠、弯曲和倾斜，这样的特性也让该材料非常适合做折叠研究。常用的纸质模型的种类有亚硫酸盐纸模型、卡纸模型、纸板模型等。卡纸和纸板具有多种颜色，在现场的功能性建模上表现出出色的性能。单看用来表示地形的中性基色，城市结构可用预先建立的调色板来设计和表现，以指出不同的用途和功能，从而更好地理解空间划分和建筑物的使用。

卡纸还可以用作单独的实体模型设计。使用中性色的卡纸（尤其是白色），就可以借助手电筒之类的光源来模拟阴影效果。

弗兰克·盖里就经常使用卡纸模型来表现他标志性的设计（见图1-23、图1-24），包括流体的形式、扭曲的平面及曲线，正如电影《弗兰克·盖里》中展示的草图那样。

图 1-23 弗兰克·盖里和他的助手正在讨论纸质的 建筑模型　　　图 1-24 弗兰克·盖里工作室的 纸质建筑模型

2 木质模型

与纸质模型不同的是，木质模型更加结实，也更能体现细节。人们在木质模型上可以体验到美学所带来的令人愉悦的表现方式，从而感受到建筑的结构技术和空间属性。但木质模型通常更昂贵。许多工作室都用这种模型来观察和调整建筑物的内部结构方案。柔软的木材在审美上也能为客户提供经得起推敲的设计方案（见图1-25）。木质模型最常用的材料是椴木板（见图1-26），图1-27所示为用椴木板制作的城市规划模型，图1-28所示为用椴木制作的东南亚民居模型。

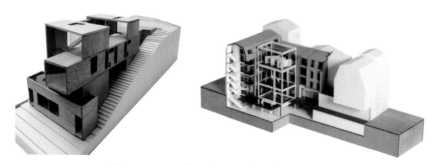

图 1-25 用纸板和木材制作的建筑模型

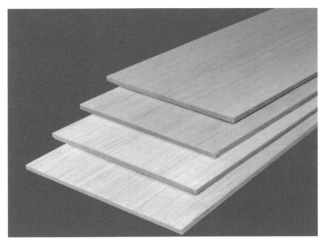

图 1-26　椴木板　　　　　　图 1-27　用椴木制作的城市规划模型

图 1-28　用椴木制作的东南亚民居模型

在我国，木质模型制作的历史可以追溯到公元前。在古代，人们建造或记录一些重要的历史建筑时，常常用木材来制作微缩的建筑复制品。现今仍然有很多古建筑模型爱好者选择用木材来制作模型（见图 1-29）。

图1-29 用木材制作的拙政园绿漪亭模型

3 塑料模型

塑料模型是以塑料制品（如泡沫板、PVC板、KT板、ABS板等）制作的模型。其板材便于切割和粘贴，是模型制作的理想材料（见图1-30）。其中，泡沫板（通常是指聚苯乙烯泡沫板）质量小，有足够的强度，便于切割，适合做建筑模型的胚体，也方便制作表现造型和体量的模型，如城市规划模型。

图1-30 用PVC板制作的建筑环境模型

4 有机玻璃模型

有机玻璃有较高的强度和刚度，其透明的特性适合展示建筑的内部空间，是室内设计模型的常用材料（见图 1-31）。

图 1-31 用有机玻璃制作的室内模型

5 3D 打印模型

3D 打印模型是借助 3D 打印设备和光敏树脂等材料制作完成的模型。3D 打印技术可以更加灵活、快速地处理模型，在计算机上修改之后可以再次快速地打印模型。另外，材料选择的范围也很广，聚酰胺（尼龙塑料）是建筑师用得比较多的材料，还可以给模型增加透明度和金属（铁、铜）等不同的元素（见图 1-32）。

（a）3D 打印室内模型

（b）3D 打印工厂油罐区模型

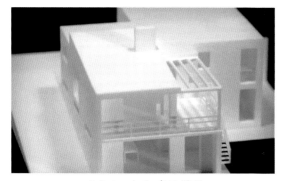

（c）3D 打印建筑模型

（d）悉尼歌剧院 3D 打印模型

图 1-32　3D 打印模型

6 金属模型

金属模型一般采用黄铜或不锈钢等金属材料，由金属拼接组装而成。这类模型的特点是按照顺序和技术要求，把各个零件连接固定，并拼接组装。它常用作金属外墙建筑模型（见图 1-33）、钢结构建筑模型、建筑环境和场地的配件模型，如金属丝制作的植物枝干（见图 1-34）和金属雕塑。

图 1-33　金属建筑模型　　　　　　　图 1-34　用铁丝制作枝干的模型树

思 考 题

1. 简述古代模型发展的历史过程。
2. 现代模型的发展经历了哪几个历史时期？
3. 模型的分类方式有哪些？按材料来分可以将其分成哪几类？

第 2 章　模型制作的工作准备

重点及难点

1. 了解常见的模型制作材料。
2. 了解模型制作的工具及设备。
3. 熟悉工具及设备的使用方法。

2.1　模型制作的材料

　　虽然模型制作的材料众多，但都具有色泽、厚度、表面肌理等不同特征。充分挖掘材料的特性，用不同的材料制作模型可以让其呈现出不同的风格特征，从而运用到各自适合的场合。

2.1.1　纸材

由于纸材质地柔软、易于裁切，因此在建筑设计的方案阶段及教学过程中经常用到。

但因其容易变形、不易保存，因此不适用于标准模型的制作。用于模型制作的纸材通常有卡纸、纸板、瓦楞纸和装饰纸。

1 卡纸

卡纸，是介于纸和纸板之间的一类厚纸的总称，是每平方米重约 120 g 以上的纸，纸面较细致平滑，坚挺耐磨。卡纸的颜色丰富（见图 2-1），有着较好的装饰效果。

2 纸板

纸板，是对厚度大于 0.5 mm 的纸的统称。通常，纸板以各种植物纤维为原料，也有的加入非植物纤维，在纸板机上抄造制成。有些特种纸板也掺杂羊毛等动物纤维或石棉等矿物纤维。根据用途，纸板可分为以下几大类。

（1）包装用纸板，如箱纸板、牛皮箱纸板（见图 2-2）、黄纸板、白纸板、浸渍衬垫纸板等。

图 2-1　不同颜色的卡纸

图 2-2　用牛皮箱纸板制作的椅子

（2）工业技术用纸板，如电绝缘纸板、沥青防水纸板等。

（3）建筑用纸板，如油毡纸、隔音纸板、防火纸板、石膏纸板等。

（4）印刷与装饰用纸板，如字型纸板、封面纸板等。

在模型中我们主要使用的是包装用纸板。卡纸和纸板主要用于设计类模型的方案阶段，研究建筑的体量和结构的搭建，同时也可利用卡纸和纸板本身的颜色特征来表现与制作建筑外墙、地形（见图2-3）及道路桥梁等。

图 2-3　用箱纸板制作地形的建筑环境模型

3　瓦楞纸

瓦楞纸，可以分为单面瓦楞纸和双面瓦楞纸两种。瓦楞纸主要用于屋顶的造型或部分墙面的制作（见图2-4）。

4　装饰纸

装饰纸，主要提供花纹图案的装饰作用，有反面带胶和反面不带胶两种，如图2-5所示。反面带胶的方便粘贴在制作好的模型上面，如墙面装饰和地面装饰等。反面不带胶的则需要自行用胶水拼贴。图2-6所示为用装饰纸粘贴的各类室内外地面及墙面。

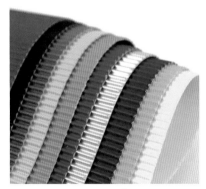

图 2-4　瓦楞纸　　　　　　　　　　图 2-5　装饰纸

图 2-6　用装饰纸粘贴的各类室内外地面及墙面

2.1.2　木材

木材因其质地轻、质感细腻、易于加工与造型的特征，成为模型制作中的常用材料；又因其具有天然的色泽与纹理，常被用于制作建筑表现类模型的结构细节或园林景观等。用于模型制作的木材通常有实木板材、细木工板、硬木板、软木板等。

１　实木板材

实木板材具有坚固耐用、纹路自然、色泽圆润等特点，但也因价格昂贵而实际利用率不高。它通常以木线条、木棒的形式，通过机械的切割与雕刻用于表现类模型的主体制作中。

常用的实木板材有桐木板、松木板、桃木板、轻木等。模型用的板材厚度有1 mm、2 mm、3 mm、5 mm、10 mm，依据不同的比例和使用位置来挑选合适厚度的实木板。桐木板有一定的硬度，容易加工，用小手锯就可以轻松锯开（见图 2-7），图 2-8 所示是用桐木板制作的手工室内环境模型。Balsa（轻木）也是最易处理的木材之一，木材较薄，使得木材可被精确切割，常被用来制作飞机模型，因此市场上常将其称为航模板。这种木板粘贴起来很容易，用胶水就可以连接各个面。但是在处理垂直于纹理的切片时务必小心，以免木材碎裂或边缘粗糙。堆叠的轻木木材非常适合描绘轮廓线，切割木材最好使用激光切割机。轻木也很适合通过打磨边缘、涂漆或上漆来制作不同的饰面。它可以用作包边、框架、片材和平铺等结构中的面板或轻木条（见图 2-9）。现在市场上很多木质 DIY 仿真模型就是用轻木制作的（见图 2-10）。

图 2-7　手工桐木板

图 2-8　用桐木板制作的手工室内环境模型

图 2-9　轻木条

图 2-10　用轻木制作的手工模型

2 细木工板

细木工板是指在胶合板生产的基础上，以木板条拼接或空心板做芯板，两面覆盖两层或多层胶合板，经胶压制成的一种特殊胶合板。按照板芯结构可以将其分为实心和空心两种，空心细木工板一般尺度较大，适合做模型盘底；实心的细木工板适合做墙体、地形等。椴木板是模型市场上最常用的细木工板之一（见图2-11）。椴木是一种常见木材，具有耐磨、耐腐蚀、不易开裂、木纹细、易加工、韧性强等特点。椴木板常见厚度有 1.5 mm、2 mm、3 mm、5 mm。

3 硬木板

硬木板是利用木材加工废料加工成一定规格的碎木，刨花后再使用胶合剂经热压而成的板材。硬木板的幅面大，表面平整，其隔热、隔音性能好，纵横面强度一致，加工方便，表面还可以进行多种贴面和装饰。硬木板是制作板式家具模型的理想材料，其横切面细腻平整，通过板材的相互叠加、胶合后，切、刨制方便而易于加工平缓的单向曲面。但硬木板容易受潮而膨胀变形，用其制作的模型需要封漆隔潮。硬木板目前尚存在重量较大和握钉力较差的问题。硬木板的种类很多，按容量可分为低密度刨花板、小密度刨花板、中密度刨花板、高密度刨花板四种。硬木板的性能不仅取决于使用的材料，还取决于它的加工方法和工艺过程。因此，要根据产品造型的不同要求选择不同种类的刨花板。在模型制作中，较普遍使用的是中密度刨花板，其中近些年比较常用的是一种进口的中密度板——奥松板（见图2-12）。奥松板是用辐射松原木制成的，具有很好的均衡结构。模型中常用的厚度有 2 mm、3 mm、5 mm。辐射松具有纤维柔细、色泽浅白的特点，因此制作出的模型纹理和色彩都十分美观（见图2-13）。

4 软木板

软木板是由混合着合成树脂胶黏合剂的颗粒组合而成的（见图2-14）。软木板的组织结构不紧密，也因此显得较软，且重量只有硬木板的一半。软木板容易加工，无毒、无噪声且制作快捷，模型中常用的厚度从 1 mm 到 5 mm 不等。用它制作的模型有着其特有的质感，很适合直接用来做景观模型中的泥土路。用软木板制作厚度不够时，可把软木板多层叠加黏结起来以达到所需的厚度。加工时，单层可用手术刀或裁纸刀，多层或较厚则可用台工曲线锯和手工钢丝锯。在使用软木板时必须注意它的结构问题，若软木板的颗粒磨得太粗，会妨碍其使用，而在工业上使用的软木板（例如汽车制造用的密封材料或真料）或是在医学上应用的软木板，都特别适合用来做模型（见图 2-15）。

图 2-11　椴木板

图 2-12　奥松板

图 2-13　用奥松板制作的模型

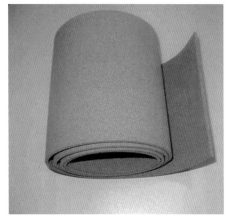

图 2-14　软木板

图 2-15　用软木板制作地形底盘的建筑模型

2.1.3　塑料

扫一扫 看视频

塑料具有自重轻、易加工、种类多等特点，在模型制作过程中属于常用材料。模型制作中常用的塑料种类有 KT 板、PVC 板、泡沫板、亚克力板、PVC 透明片等。

1　KT 板

KT 板是一种由聚苯乙烯（Polystyrene，PS）颗粒经过发泡生成板芯，经过表面覆膜压合而成的一种新型材料（见图 2-16）。KT 板板体挺括、轻盈、不易变质、易于加工。KT 板的厚度通常为 5 mm，其价格低廉，适合相关专业学生及模型初学者使用，常被用来做景观地形底盘（见图 2-17）。KT 板的颜色较多（见图 2-18），可以根据需要运用在不同的场景中。需要注意的是，KT 板的中间层较软，不容易切割平整，在切割时尽可能地选择较锋利的小刀来裁切，并且可以用砂纸对不平整的部位进行打磨，以得到美观的效果。

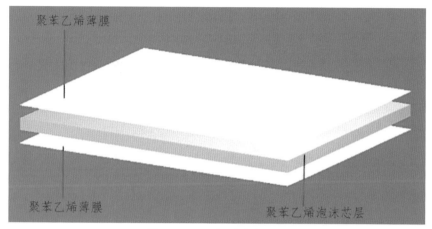

图 2-16　KT 板的内部结构

图 2-17　用 KT 板制作地形的城市规划模型

图 2-18　不同颜色饰面的 KT 板

2 PVC 板

PVC 板又称雪弗板（见图 2-19），以聚氯乙烯为主要原料，加入发泡剂、阻燃剂、抗老化剂，采用专用设备挤压成型。其常见的颜色为白色和黑色。由于 PVC 板的硬度相比于 KT 板较高，并且裁切方便，用普通的裁纸刀就可以完成，因此它成为制作实体模型的理想材料（见图 2-20）。模型常用的 PVC 板材厚度为 0.2 ～ 0.8 mm。需要注意的是，由于雪弗板内部材料的填充物是有纹理的，使得其加工方法有一定的特殊性，即平行于纹理方向易于切割，垂直于纹理方向方便弯折。

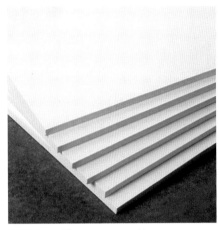

图 2-19　PVC 板

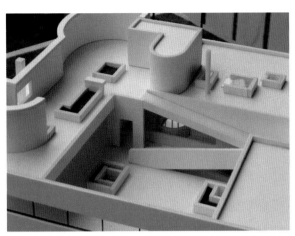

图 2-20　用 PVC 板制作的萨伏伊别墅实体模型

 3　泡沫板

泡沫板（见图 2-21），又称为 EPS 板或多孔塑料板，具有易加工、易切割的特性，但遇热或碱性胶易腐蚀。其厚度为 1～15 cm 均比较常见。根据泡沫板的特性常用于建筑（见图 2-22）或城市规划的初步模型，也可用作底板和山体地形（见图 2-23）模型的制作。

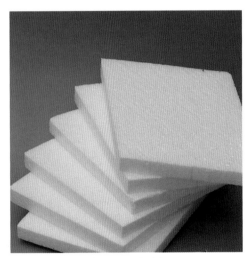

图 2-21　泡沫板

图 2-22　用泡沫做成的房屋模型

图 2-23　用泡沫板做基面地形的拙政园模型

（学生作业：何文豪、黎奥、唐瑜、姜欣好）

4　亚克力板

亚克力板如图 2-24 所示。亚克力板又称特殊处理的有机玻璃，是有机玻璃的换代产品，用亚克力板制作的灯箱具有透光性能好、颜色纯正、色彩丰富、美观平整的特点。亚克力板常用于数控雕刻或手工制作的建筑主体、室内家具、建筑门窗（见图 2-25）等。模型中使用的亚克力板的厚度多数为 1 mm 和 2 mm。这种板材切割起来较为困难，并且几乎无法弯折，但是因其良好的硬度和透明性仍然深受模型制作者的喜爱。

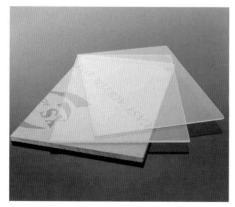

图 2-24　亚克力板

图 2-25　用亚克力板制作门窗的户型模型

5　PVC 透明片

PVC 透明片因其易切割（用剪刀就可轻松裁切）并且容易粘贴而成为模型制作过程中窗户玻璃的常用材料，因此又被称为"玻璃纸"。图 2-26 所展示的上海图书馆模型中的玻璃就是用 PVC 透明片制作的。PVC 透明片有磨砂和全透明两种材质（见图 2-27），常用厚度为 0.3 mm、0.5 mm、1 mm，但是因其硬度不够，整体制作效果并不如亚克力板。

图 2-26　上海图书馆模型　　　　　　图 2-27　PVC 片（磨砂、全透明）

（学生作业：代鹏飞、黄丙辉、李升、邹曦云）

2.1.4　制模材料

制模材料是建筑模型制作过程中的基础材料，其质感粗糙易于成型，同时还可以根据其色泽和特性制作出不同的肌理效果。常见的制模材料有石膏、超轻黏土等。

1　石膏

石膏是单斜晶系矿物，是主要化学成分为硫酸钙（$CaSO_4$）的水合物。石膏是一种用途广泛的工业材料和建筑材料，用于水泥缓凝剂、石膏建筑制品、模型制作、医用食品添加剂、硫酸生产、纸张填料、油漆填料等。在模型制作中，石膏可用于塑造地形、地势，运用模具制作成石头（见图 2-28）、雕塑等不同的造型。将石膏液体放入模具（见图 2-29）中，待其完全风干之后就可将其拿出。石膏布（见图 2-30）也是制作景观地形常见的材料，其使用方法简单，造型效果好（见图 2-31），深受模型制作爱好者的青睐。

图 2-28　用石膏制作的石头模型

图 2-29　石头模具

图 2-30　石膏布

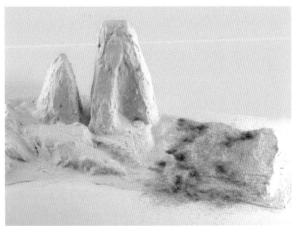

图 2-31　用石膏布制作的地形

2 超轻黏土

超轻黏土，是纸黏土的一种，简称超轻土，是一种新型环保、无毒、自然风干的手工造型材料，主要运用高分子材料发泡粉（真空微球）进行发泡，再与聚乙醇、交联剂、甘油、颜料等材料按照一定的比例混合制成。超轻黏土的可塑性强，易于存放，便于着色。根据超轻黏土的特性常用于室内外家具（见图 2-32）、微地形、雕塑小品的制作。图 2-33 所示为苏州园林沧浪亭景观模型，其中的地形均是用超轻黏土制作的。

图 2-32　用超轻黏土制作的家具模型

图 2-33　沧浪亭园林景观模型
（学生作业：李玉洁、柏元媛、张倩）

 ## 2.1.5　环境材料

扫一扫 看视频

　　在模型制作中，建筑周边环境的表现也是十分重要的，设计师对整体环境意识的把控能力往往可以通过外部空间环境和建筑单体共同表现出来。因此，选择合适的配景材料可以提升模型的整体表现效果。

1　水景材料

（1）水纹纸。

PVC 透明片在制作过程中通过压花处理，可以制作成水纹的形式，因此又被称为"水纹纸"，常被用于制作景观环境中的溪流和湖水（见图 2-34）。水纹纸在使用过程中操作较为简便，用普通的裁纸刀和剪刀就可以裁切。水纹纸一般有三种类型的水波纹，即流水纹、小湖纹和大湖纹（见图 2-35），可以做成流水和湖水水面的效果。

图 2-34　沧浪亭模型入口处的河道
（学生作业：李玉洁、柏元媛、张倩）

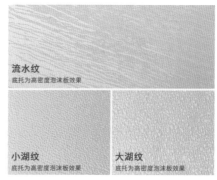

图 2-35　不同类型的水波纹效果

（2）水景膏。

水景膏在仿真模型的制作中运用得十分普遍，其优点是便于塑形，可以做出大海浪花、河湖溪瀑的效果（见图 2-36）。水景膏的颜色很多，以蓝色和绿色为主，有半透明和高透明两种材质。其缺点在于制作的时间长和工序较复杂，对于模型初学者来说操作起来有些难度。水景膏在使用过程中需要注意两点：第一，在 24℃左右的环境下水景膏自然风干需要 1 小时，完全干透需要 1 天左右的时间。如果温度过低，水景膏则很难干透，在操作中可以借助吹风机以缩短制作时间。第二，在制作水景时应该先涂抹薄薄一层，待风干后再涂抹下一层，分多次涂抹，切忌一次性浇筑很厚的水景膏，这样容易产生龟裂现象，并且很难干透，从而影响最终效果。

（3）造水剂。

造水剂呈液体状，流动性好，可塑性不如水景膏，一般适合做瀑布、河流、湖泊、起伏不太大的水面（见图 2-37），也可以做雨后泥泞湿滑的地面效果。造水剂在未使用时呈乳白色或以蓝色、绿色为主的不透明色，风干后呈现透明效果（见图 2-38）。

图 2-36　用水景膏制作的瀑布溪流　　　　图 2-37　用造水剂制作的水面模型

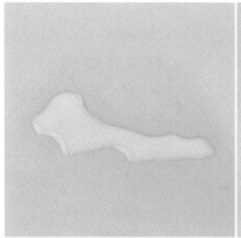
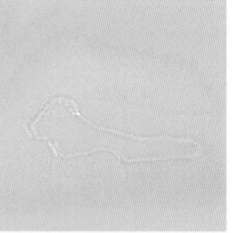

图 2-38　造水剂风干前和风干后的效果

2 植被材料

（1）树粉。

树粉是用来制作乔木叶片的良好材料，颜色丰富，常见的有草绿色、中绿色、黄绿色、黄色、粉色、白色等，能做成春、夏、秋、冬四季不同的景观效果（见图2-39）。

（2）草粉。

草粉是颗粒比树粉更小的材料，一般用来做草地，也可以用来做景观树。将草粉粘贴固定在纸张上的是草皮纸，它的耐久性比用白乳胶固定草粉制作的草地模型更好，从而备受模型制作者的青睐。图2-40所示为不同颜色的草皮纸。

图 2-39　用黄色树粉制作的秋景模型　　　　图 2-40　不同颜色的草皮纸

（学生作业：代鹏飞、黄丙辉、李升、邹曦云）

（3）成品模型树。

成品模型树的树干和树枝部分多用 PE 塑料制作而成，再用胶将树粉或者草粉粘在模型树枝上，颜色丰富，可以做成不同季节的效果（见图2-41）。成品模型树与真实树木高度的常见的比例有 1∶50、1∶100、1∶150，方便运用于不同比例的模型制作。

（4）其他模型树材料。

树木是建筑模型中最能烘托环境气氛的素材，同时也是反映建筑尺度的重要组成部分。树木的材料、颜色、形态、枝干密度、种植密度都应该恰当地衬托建筑主体，为表达设计意图服务。很多时候，直接购买的模型树不一定适合所有的建筑模型，常常需要根据使用场合自行制作。制作材料并不局限在一两种，日常生活中的很多材料都可以用来制作，如大头针、卡纸、百洁布、棉花、铁丝、干花等。图 2-42 所示为用大头针和彩色卡纸制作的模型树，彩色的树搭配白色的地形和建筑，给人非常好的视觉感受。

图 2-41　不同类型的成品模型树　　　图 2-42　用大头针和彩色卡纸制作的创意模型树

3 铺装材料

使用合适的铺装材料可以使景观模型有更加真实的艺术效果。最常用的铺装材料是铺装图案装饰纸（见图 2-43），有带背胶和不带背胶两种。各种颜色的细沙、小石子同样也是制作仿真模型的良好材料，图 2-44 展示的就是用白色细沙制作的日本龙安寺枯山水模型。

图 2-43　用细沙和铺装图案装饰纸制作地面的云阳规划　　图 2-44　龙安寺枯山水模型
　　　　　展览馆模型　　　　　　　　　　　　　　　（学生作业：陈灿、张鑫、张晓政）
（学生作业：范琳、盛芳芳、钟漪莲、夏天祺）

2.2 模型制作的工具及设备

古人云："工欲善其事，必先利其器。"选择合适的工具对模型设计和制作起到至关重要的作用。建筑、景观或者室内的建筑模型制作的工具有很多种，其中大部分都不是纯粹的模型制作工具，因此对工具的选择可以灵活一些，不必拘泥于传统的工具。

2.2.1 切割工具及设备

扫一扫 看视频

1 美工刀

美工刀是最常用的模型切割工具（见图2-45），主要用于切割较软的材料，比如卡纸、纸板、PVC 板、软木板等。图 2-46 所示为用美工刀切割 PVC 板制作的地形模型。美工刀有不同的尺度，宽度以 10 mm 和 18 mm 较为常见，刀尖的角度分为 60°和 30°两种，60°的耐用性更好，30°的相较于 60°的更加锋利、易于切割。刀片的厚度有 0.4 mm 和 0.6 mm 两种。美工刀正常使用时通常只使用刀尖部分，刀片分成若干段，可以将用钝的刀头折断，以便增加使用寿命。

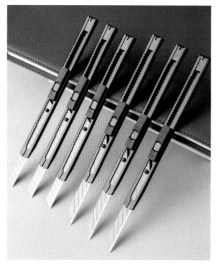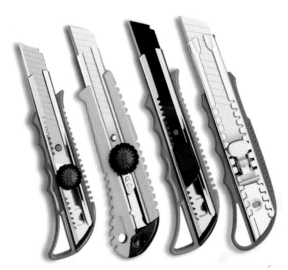

图 2-45 不同型号规格的美工刀

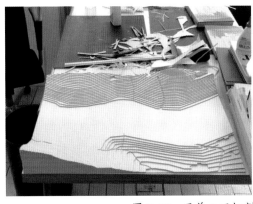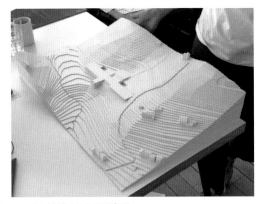

图 2-46 用美工刀切割 PVC 板制作的地形模型

2 勾刀

勾刀的刀头为尖钩状，是切割有机玻璃、亚克力板、胶片的主要工具（见图 2-47）。利用勾刀切割时要配合钢尺，反复切割，切忌用力过大。

3 手术刀

手术刀（见图 2-48）的刀片较薄，并且较锋利，主要用于各种薄纸的切割和划线，对处理凹陷部位的切割有着很好的效果，尤其是建筑门窗的切割。由于手术刀的刀片较薄，所以在使用时不要切割太厚的板材，以防刀片断裂而误伤自己。

图 2-47 勾刀 　　　　　　　　　　图 2-48 手术刀

④　剪刀

剪刀（见图2-49）在模型制作中运用得较为广泛，特别是美工剪，非常适合纸张、薄型胶片、金属片等的裁剪。

⑤　刻刀

刻刀又称为笔刀（见图2-50），类型有很多种，常见的有斜口刀和平口刀两种。刻刀的意义在于进行复杂图案的切割时，像笔一样的握感使得操作者可以自如地操作。刻刀雕刻或者切割薄型的塑料板材有着良好的效果。

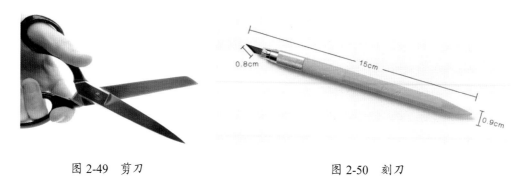

图 2-49　剪刀　　　　　　　　　　　　　　　图 2-50　刻刀

⑥　圆盘锯机

在模型制作的过程中，为了达到更好的制作效果，常会使用一些切割设备来切割较硬的板材或棒材，台式的小型圆盘锯机操作简单、易于切割，深受模型爱好者的喜爱（见图2-51）。不同瓦数的台锯的切割能力不同，例如400 W的台锯可用于各种硬木、竹子、竹棒、小金属的切割和打磨，一般适用于厚度小于3 cm，长度小于1 m的操作；180 W的台锯可用于各种亚克力板、电木板、PVC板、小木条、小块木板等材料的切割和打磨。

⑦　热熔切割器

热熔切割器在模型制作中主要用来切割泡沫类材料，如泡沫板、KT板等，操作简便。手持式的热熔切割器携带也较方便，切割后的板材光滑无毛刺，制作效果更加美观，也节省了打磨时间。图2-52所示为台式热熔切割器。

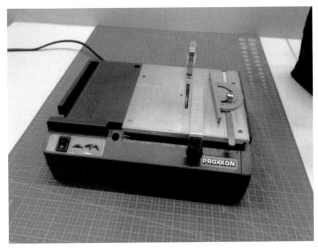

图 2-51　台式圆盘锯机

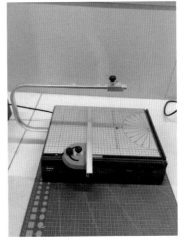

图 2-52　台式热熔切割器

8　激光雕刻机

激光雕刻机（见图 2-53）在模型制作中主要是用于木板、亚克力板、ABS 板等板材的雕刻，将 CAD 图纸输入设备可以快速地将板材切割好，后期经过拼接可以达到良好的制作效果。

9　台式钻床

台式钻床（见图 2-54）主要做中小型零件钻孔、扩孔、铰孔、攻螺纹、刮平面等工作，在加工车间和模具修配车间使用。与国内外同类型机床相比，台式钻床具有马力小、刚度高、精度高、刚性好和操作方便、易于维护的特点。它在模型制作中主要用于打孔，其精度比手钻高。

10　切割垫

切割垫一般采用高密度 PVC 材质，可水洗，可重复使用，表面采用磨砂饰面有效防滑，并且对桌面起到良好的保护作用（见图 2-55）。垫板上绘有刻度，使得切割更加方便。切割垫的颜色以绿色较为常见。切割垫常见的尺度有 A1、A2、A3、A4。

图 2-53 激光雕刻机

图 2-54 台式钻床

图 2-55 切割垫

2.2.2 测量与绘制工具

扫一扫 看视频

1 丁字尺

丁字尺，又称 T 形尺，为一端有横档的"丁"字形直尺，由互相垂直的尺头和尺身构成，一般横向使用，保证与板材的一边垂直，一般用于比较长的线条绘制和测量。

2 三角尺

三角尺分为等腰直角三角尺和细长三角尺两种。等腰直角三角尺的两个锐角都是45°，细长三角尺的两个锐角分别是 30°和 60°。使用三角尺可以方便地画出 15°

的整倍数的角。特别是将一个三角尺和一个丁字尺配合，按照自下而上的顺序可画出一系列垂直线。将一个丁字尺与一个三角尺配合也可以画出 30°、45°、60° 的角。画图时通常按照从左向右的原则绘制斜线。用两个三角尺与一个丁字尺配合还可以画出 15°、75° 的斜线。因此，三角尺在绘制和测量时应用得十分广泛。

3　三棱比例尺

三棱比例尺（见图 2-56）是按比例绘图和下料划线时不可缺少的工具，又能做定位尺使用，对于稍厚的弹性板材做 60° 斜切时非常适用。

图 2-56　三棱比例尺

4　钢尺

钢尺相较于普通塑料尺更容易裁切，耐久性更好，刀片不会损坏钢尺，以确保裁切的准确性。钢尺的缺点在于钢尺是不透明的，所以在切割板材时不容易发现问题。

5　铅笔

在裁切板材之前通常需要用铅笔把切割线先绘制在板材上，一般选用硬度较高的铅笔（H~3H），以免弄脏板材。

2.2.3　粘贴工具

1　快干型胶水

快干型胶水（如 502、401），在模型制作中使用得非常广泛，加上滴管之后可以有效地控制流量，方便小零件的粘贴。其缺点在于这类胶水在风干后会使材料变脆发硬，抗变形能力大幅度减弱。

2 PVC-U 胶水

PVC-U 胶水是由多种高分子材料研制而成的聚氯乙烯（PVC）强力专用胶黏剂，常被称为 U 胶，具有使用方便、快速定位、黏结强度高等优点。工件黏合后具有耐水、耐热、耐腐蚀等特点。由于 U 胶具有腐蚀性，在模型制作过程中应避免使用 U 胶粘贴 KT 板和泡沫板等材料。

3 免钉胶

免钉胶的用途十分广泛，适用于粘贴石材、模板、陶瓷等各类材料，但是不能用于潮湿和有积水的区域，因此在使用中应避免接触水、颜料等。

4 白乳胶

对于纸板、PVC 板、木板等材料的粘贴，白乳胶是不错的选择，价格适中，没有刺鼻气味，风干后粘贴牢固。模型中常用白乳胶来粘贴树粉和草粉。其缺点是风干速度较慢，影响制作效率。

5 热熔胶

热熔胶的使用常会配合热熔胶枪（见图 2-57），其使用范围非常广泛，木板和 PVC 板等模型用板材均可粘贴。其不足之处在于粘贴处的胶痕比较明显，在使用时注意应在内侧打胶，避免胶水外露，影响美观。

6 双面胶

双面胶的使用方便简单，墙面和地面的材料贴纸等可以快速粘贴完成。图 2-58 所示是用双面胶将褶皱纸贴在竹签上来制作树干。双面胶的不足之处在于形状受限，无法粘贴细小部位。

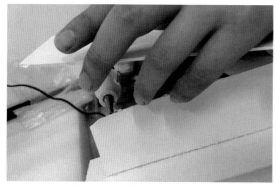

图 2-57　用热熔胶粘贴泡沫板　　　　图 2-58　用双面胶粘贴树皮

2.2.4 辅助工具及设备

1 镊子

在制作模型细部构件时，多数情况下手是无法直接操作的，镊子在很大程度上解决了这个问题，同时也使得模型看起来更加干净、美观。

2 砂纸（打磨条）

砂纸（打磨条）的作用主要是为了打磨板材或棒材因为刀切割引起的不平整问题，使得模型看起来更加精细、美观。

3 热风焊枪

热风焊枪（见图 2-59）的出风口可以选择不同的风力和温度。热风焊枪对塑料材料有再塑的作用，在制作曲面模型时常会用到，将 PVC 板用热风焊枪吹热进行弯折，冷却之后就可以固定成弯曲的样式（如图 2-60）。

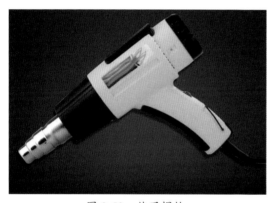

图 2-59　热风焊枪　　　　　　　　　图 2-60　曲面建筑模型

4 手指套

模型制作中常会遇到胶水粘住手的情况，使用手指套可以有效地避免这个问题。相比传统手套，使用硅胶手指套操作会更加灵活。

⬡ **2.3 模型制作的场所**

建筑及环境模型伴随着研究而产生，它们在小型或者大型的建筑办公室里被制作出来，但这并不只是为了满足自我需求而制作概念模型和工作模型，而是为了学习、竞赛或者展览的目的而制作的。所以，在模型制作的早期就应该设置一个适合模型制作的工作场所。

为了确保模型制作过程的安全、便捷，在场地设置中需要从环境和场地大小两方面考虑。开设建筑和环境设计相关专业的高校模型实验室和建筑城市规划设计工作室中的模型设计多数为手工模型，材料运用相对简单，但是仍应满足以下要求。

（1）模型制作的环境必须具备良好的采光、通风条件和完善的水电设施，应该具备足够的和各自安全的电源插座，在工作室中安装主要电闸和防护措施。有条件的还应设置冷水和温水接头与结实的洗手台。另外，要安放好急救箱（壁橱），并在显眼处安放灭火器。

（2）高校中的模型实验室面积一般应达到 300 m^2 以上，能够容纳 40 名左右的学生同时上课。

（3）模型制作实验室要具备较大的操作台，以便在设计草图、电脑草图、工作模型中展示设计方案或者设计物体。操作台的面积应该能够满足三种需求：第一，能够放置切割垫座和丁字尺的固定台面；第二，有足够空间放置稳定且平整的划线台；第三，能够临时摆放小型的手工器具。

（4）模型实验室需要具备可收纳材料、工具的架子，为了方便搬运，最好是滑动工具架。另外，还需设置一定数量的可陈列模型作品的陈列架。

（5）模型制作实验室要配备专业的实训教师或实验员，在操作有关设备之前必须经过专业教师的培训。

思 考 题

1. 模型制作的材料可以分为哪些类型？
2. 在制作模型前需要准备哪些工具和设备？
3. 模型制作的场所有哪些要求？

第 3 章　模型制作的前期艺术策划

重点及难点

1. 了解建筑及景观模型创意素材的制作方法。
2. 掌握模型制作的构图方法。
3. 了解模型制作的色彩搭配原则。

 ## 3.1　创意素材的搜集

扫一扫 看视频

　　在第二章我们讲述了模型制作常用的材料，除了这些常用的材料之外，还有一些日常生活中能接触到但经常被我们忽略的材料，其实这些材料用在模型制作中也能产生很好的效果，并且常常给人耳目一新的感觉。很多模型爱好者在平时生活中就养成了搜集素材的习惯，因此在制作时非常得心应手。

 ### 3.1.1　建筑模型创意素材

　　建筑手工模型最常用的就是 PVC 板和木板，但是此类材料无法很好地表现出建筑外墙面的肌理和门窗材质，因此就需要我们在生活中找寻更合适的素材。图 3-1、图 3-2

所示为某日式民居的手工模型，用牙签和硫酸纸制作窗框与磨砂玻璃，将褐色塑料餐垫剪裁成合适的大小，粘贴在墙面，屋顶的茅草用仿真草粉粘贴，这些都使得建筑内部的细节设计更好地体现出来。

图 3-1　日式民居模型墙面及窗户细部　　　　图 3-2　日式民居模型

（学生作业：郑婷、尹晗羽）　　　　　　　　（学生作业：郑婷、尹晗羽）

3.1.2　景观模型创意素材

传统的景观模型大多会使用成品模型树进行制作，如图 3-3 所示。此类模型虽然仿真程度高，但是缺乏模型本身的特色，并且很难满足艺术模型制作的需求。因此，寻找合适的素材进行景观模型制作，不仅能够很好地体现环境设计，同时对建筑也起到了烘托作用。

植物是景观模型制作的重中之重，日常生活中很多材料都可以用来制作模型植物，如图 3-4 所示。用各种颜色的毛线制作的模型树，可以表现出色叶植物和其季相变化。另外，百洁布、海绵、泡沫、大头针、干花、枯树枝等都是制作模型树的理想材料。图 3-5 中用淡黄色的海绵制作出山林的效果。图 3-6 ～图 3-9 分别为用各种不同颜色的干花及干草制作的模型树。图 3-10 中的模型树是用木棍和丝瓜瓤制作而成，与整体环境十分协调。图 3-11 和图 3-12 分别是用枯树枝和铁丝制作的模型树，既突出了建筑效果又不失环境的衬托作用。

图 3-3 施罗德住宅建筑模型

（学生作业：杨婷、陈星煜、熊爱玥）

图 3-4 用毛线制作的模型树

（学生作业：刘秀山、杨祥、何佳乐）

图 3-5 山地建筑环境模型

图 3-6　用红色干花制作的模型树

图 3-7　用黄色干花制作的模型树

图 3-8　用白色干花制作的模型树

图 3-9　用干草制作的模型树

图 3-10　用木棍和丝瓜瓤制作的模型树

（学生作业：夏思语、唐梦秋）

图 3-11　用枯树枝制作的模型树

图 3-12　用铁丝制作的模型树

　　景观模型中的铺装大多是用材质图案贴纸进行表示，这类材料可以较准确地表达出铺装的形态和大小，但是肌理很难展现出来。图 3-13 展现的是苏州园林中的留园一景，地面的材质选用的是细沙，使得整体效果更加朴素自然。

图 3-13　"留园"景观模型

（学生作业：巨真弋、李星岚）

3.2 构图及色彩搭配

 ### 3.2.1 构图

扫一扫 看视频

模型建筑在底盘中摆放的位置，模型主体与周围环境体量的配比，模型整体高度与建筑、植物、构筑物之间的比例关系，这些都要经过前期的艺术策划才能开始制作模型。构图策划可能不会对模型所表达的内容有决定性影响，但是不合理的构图一定会对模型整体视觉表现的美观性造成难以修复的不良影响。

从视觉艺术的角度出发，模型制作的构图还应考虑点、线、面之间的关系，以及整体的疏密、主次、对比、均衡等关系，这些都应该在模型整体效果中得以呈现。图 3-14 中，山坡上的植物选用了红色叶片的乔木以密林的形式表现出来，成为建筑主体的背景，建筑两侧则以枯草、灌木的形式表现，植株之间有一定的不等间距，以体现自然种植的效果，建筑前端则用留白的形式重点表现建筑本身的细节。整体的构图主次关系和疏密对比十分协调。图 3-15 是以美国国家美术馆东馆为主体进行的模型艺术制作，场地的整体地形和建筑外环境均为制作者创作而成，景观环境主要以曲线为设计元素，构图整体较和谐，植物与建筑的尺度比例协调美观，但建筑主体的位置过于靠近边缘，整体构图重心有些偏移，使得模型的整体效果受到了一定的影响。

图 3-14　用红色干花制作的模型树

图 3-15　美国国家美术馆东馆模型

（学生作业：胡燚、胡佳丽）

3.2.2　色彩搭配

　　模型的色彩可以分为单色系（极少色）和自然色系，色彩的选择需要在模型开始制作前予以确定，这样有利于我们准备的材料可以更好地呈现出模型的整体性和美观性。

　　模型色彩的选择首先要依据模型制作的目的（是设计过程中的研究还是对设计阶段成果的展现）来确定。如果制作模型的目的是研究设计本身，推敲建筑形态和空间关系，展现周围景观环境和建筑的关系，则可以选用单色系或极少色系；如果制作模型的目的是展示设计成果，还原真实效果，则最好采用自然色系。图 3-16 所示是日本建筑大师安藤忠雄设计的成羽町美术馆建筑模型，整体采用极少色系，植物选用部分的黄色加以点缀。图 3-17 所示为苏州园林中的狮子林模型，以自然色系的展示方法，还原了狮子林的雪景之美。

图 3-16　成羽町美术馆建筑环境模型
（学生作业：吴世文、杨添文）

图 3-17　狮子林园林景观模型
（学生作业：陈小容、曹雨欣、黄钰婷、薛诗丹）

除了考虑模型的用途之外，还应考虑原有建筑或环境景观固有的色彩关系。例如，建筑本身是白色的或者纯色的，为了烘托主体建筑周围的环境，可以采用自然色系，使得整个画面更加丰富。图 3-18 所示为柯布西耶的作品——"萨伏伊别墅"的建筑环境模型，庭院环境采用真实的植物和手工植物相结合，以自然色系展现更加真实的环境氛围。

图 3-18　萨伏伊别墅模型

（学生作业：梁慧玲、肖利也）

思 考 题

1. 模型的构图应该遵循哪些原则？
2. 以制作一个小庭院模型为例，将选择哪些材料进行制作？

第 4 章　景观环境模型制作

重点及难点

1. 了解地形、水体、植被、道路、小品等景观元素的制作方法。

2. 掌握景观模型地形的高差的处理手法。

3. 掌握景观模型制作的思路和步骤。

 ## 4.1　地形的制作

扫一扫 看视频

　　环境和地形模型具体分为平地环境模型和山地环境模型。地形的种类多样，主要分为两大类：一类是山谷、高山、丘陵、草原以及平原这样的自然地形；另一类是因台阶和坡道所引起的水平变化等这类人工地形。平地环境模型主要表现的是建筑主体模型和建筑群体模型中的环境状况。山地环境模型主要表现山地的高差的轮廓效果。

　　地形的处理，要求模型制作者具有高度的概括力和表现力，同时还要辩证地处理好与空间主体和构筑物的关系。地形分有高差和无高差两类。在制作山地地形时，表现形式一般是由空间关系和构筑主体的形式等因素来确定，其精度应根据建筑物主体的制作精度和模型的用途而定。一般用于展示的模型的主体较多地采用具象表现形式，可以使地形与建筑主体的表现形式融为一体；而采用抽象的手法来表示山地地形，不仅要求制作者具有较高的概括力和艺术造型能力，而且还要求观赏者具有一定的鉴赏力和建筑专业知识。

地形模型制作有四种常用方法，即叠层法堆积法、拼削和石膏浆涂抹法、石膏浇灌法和玻璃钢倒模法。目前，山坡地形制作一般采用叠层堆积法和石膏浇灌法两种方式。

4.1.1 叠层堆积法

第一步：确定模型的比例。根据场地大小，确定模型比例，并按计算好的比例尺打印出来[见图 4-1（a）]之后将等高线分成若干等分[见图 4-1（b）]；按等分高度选择好厚度适中的轻质型板材，常用的材料有泡沫板、纤维板、纸板、KT 板等，将等高线分别绘制于板材上，按绘制的等高线锯切成型，如图 4-1（c）所示。

  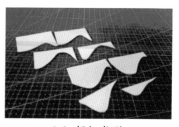

（a）按比例打印　　　　　　　（b）切割　　　　　　　（c）锯切成型

图 4-1　按比例切割板材

第二步：将切割成型的板材用乳胶层层叠粘一起，如图 4-2（a）所示；干燥后用刀、砂纸等修正成型，如图 4-2（b）所示；在制作好各段地形之后将其拼接在一起，如图 4-2（c）所示。

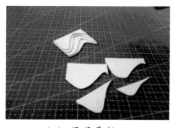  

（a）层层叠粘　　　　　　　（b）修正　　　　　　　（c）拼接

图 4-2　粘贴板材

4.1.2　拼削和石膏浆涂抹法

拼削和石膏浆涂抹法也是制作地形时最常用的方法之一，尤其是体积感强一些的地形。其制作步骤如下。

第一步：利用轻型板材如泡沫板、高密泡沫板叠加到最高位置，再利用美工刀，按照等高线的位置或者预先设定的地形形态，沿从高到低的方向切削出相应坡度，如图 4-3（a）所示；在高差的基本形态出来以后，用石膏布进行塑形如图 4-3（b）所示；最后再用石膏浆体进行表面的敷涂、填补，如图 4-3（c）所示。另外，也可直接用大体积的泡沫切削而成，切削后注意修整成自然坡度，然后涂抹石膏浆，待石膏干燥后，再做进一步修整。

（a）叠加、切削　　　　　　（b）用石膏布塑形　　　　　　（c）用石膏浆填补

图 4-3　石膏塑形

第二步：在地形塑形结束之后可以根据需要的地形形状来上色，常见的如褐色、灰色等，最后再在上面撒上草粉从而形成自然的山地，如图 4-4 所示。

（a）上色　　　　　　　　　（b）撒草粉　　　　　　　（c）烘托雪粉氛围

图 4-4　模型上色

4.1.3　石膏浇灌法

石膏浇灌法是采用石膏粉加水搅拌后在底盘上做成高低不平的山坡，待干燥后用砂纸打磨即可。其具体制作步骤如下。

第一步：将等高线直接绘制在底盘上。

第二步：用木棍、竹签或铁钉确定出地形的高度变化点。

第三步：用石膏浆、泥沙等材料浇灌，可以分层浇灌直至最高点。

第四步：用竹片或刀片修整出理想的地形效果，如图 4-5 所示。

 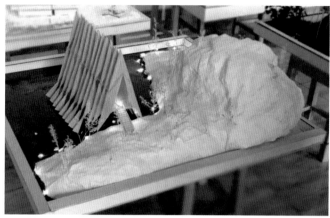

图 4-5　石膏浇灌法

4.1.4　玻璃钢倒模法

玻璃钢倒模法制作地形的具体步骤如下。

第一步：按地形图要求，用黄泥或石膏浆塑造立体山丘、坡地等模型。

第二步：按玻璃钢材料的配方在磨具上涂刷，制成轻巧、坚固的空心山丘、坡地等模型。

🔲 4.2　水体的制作

水面是各类建筑模型重要的配景之一，更是园林模型环境中的设计灵魂。模型底盘的水面包括海面、江面、湖面、喷水池面、屋顶水池、泳池、污水池等。水面的表示方法既不能脱离实际，又要比实际简练概括。景观水面的表现方式和制作方法较多，目前运用较多的方法有即时贴、水纹纸、树脂胶三种，如图 4-6 所示。

第一种制作方法是利用即时贴按照图纸尺度要求，首先在模型上标出水面形状和位置，注意水面与路面的高差关系，水面应略低于地平面；然后用有机玻璃或水纹片按高差贴于漏空处，并在板下喷涂蓝色颜料。在制作比例尺较小的模型时，可将水面与路面的高差忽略不计，直接用蓝色即时贴按其形状进行剪裁、粘贴。

第二种制作方法是直接用水纹 PVC 和仿真水纹有机玻璃板（有仿真流水纹、仿真湖水纹、仿真细水纹三种纹理）等材料来制作模型中的水体，将其贴在水体的位置，从而模拟景观水体。

第三种制作方法就是利用 AB 胶，又叫树脂胶。和水纹纸相比，树脂胶更容易做出效果。现在很多模型玩家都对树脂胶爱不释手，其产生的水景效果仿真度极高，在制作的时候可以配合水景膏去模拟各类真实场景的景象，如海浪等可以制作出更加真实的水景效果。

（a）即时贴　　　　　　　（b）水纹纸　　　　　　　（c）树脂胶

图 4-6　水体的表达及效果

下面这组学生作品，在赖特的流水别墅模型制作中，水体的处理是根据图纸确定出位置和高差关系，在 KT 板上喷涂蓝色颜料，然后再在上面覆盖 PVC 透明水纹纸，以增加水纹肌理效果（见图 4-7）。

 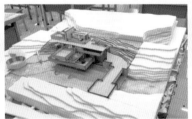 

图 4-7　流水别墅水体的表达及效果

4.3 景观构筑物及小品的制作

景观构筑物及小品的种类包括交通工具、电杆、路灯、人、立交桥、路牌与交通标志、雕塑、假山、小凉亭等。这类配景物在整体模型中所占的比例相当小，但就其效果而言，往往起到了画龙点睛的作用。现在成品的装饰小品已经非常丰富了，大部分模型公司在制作商业模型时常选用成品装饰小品。对于学校课堂训练而言，可以选用成品装饰小品，也可以自己尝试制作一些装饰小品。大多数模型制作者在表现这类配景时，对于材料的选用和制作的精细程度的把握往往不准。在表现形式和制作的精细程度上，要根据模型的比例和主体深度而定。一般而言，在表现形式上要抽象化，只要能做到比例适当、形象逼真即可。有时，这类配景过于具象往往会引起人们视觉中心的转移，同时也不免显示出几分匠气。所以，我们在制作建筑小品时，一定要合理地选用材料、恰当地运用表现形式、准确地掌握制作的精细程度，只有做到三者的有机结合，才能处理好建筑小品制作。

4.3.1 交通工具的制作

交通工具是模型环境中不可缺少的点缀物，可以增强环境效果。交通工具在模型中有两种表示功能：一是示意性功能，即在停车处摆放若干车辆，则可明确提示此处是停车场；二是表示比例关系，人们往往通过此类参照物来了解建筑的体量和周边关系。在模型制作中应注意车、船色彩的搭配，以及摆放的位置和数量一定要合理，否则将影响整体效果。大比例模型中的车、船等可以直接去玩具店购买，选购时尽量选择造型简洁、色彩单一的模型，以免太花哨而有喧宾夺主之感。颜色的处理也可以后期喷漆处理。

制作车辆的材料有有机玻璃板、ABS 板、橡胶块、泡沫塑料等。建筑模型比例不同，制作的汽车细节表现也不同，对于比例较小的模型，可以将彩色橡皮泥直接切割成汽车的形状。比例较大的汽车模型制作则可以选用有机玻璃板或 ABS 板直接加工成车身和车棚两部分，然后用专用胶水将两部分贴接，干燥后根据需要进行细部加工、喷漆即可（见图 4-8）。

图 4-8　交通工具和人物的制作效果

 ## 4.3.2　人物的制作

扫一扫　看视频

　　人物可烘托景观环境的气氛，也是建筑模型比例的参照物，通过放置合适大小的人物模型可以丈量空间尺度。人物的模型具象表示用纸板法、石膏切形彩绘法、橡皮泥塑造法等。抽象表现只能显示出头、身和双腿，选一小段电线套管，上粘贴一个小圆球以示为头，下露两根漆包线以示为腿，头、腿为黑色，电线套管所示身段为彩色，高度按比例算出。人物的制作比例及细节表示应根据建筑与环境模型的比例和深度来选择，一般制作比例有 1 ∶ 200 ～ 1 ∶ 10 不等。环境中有了人之后，模型才会显得更加生动。

 ## 4.3.3　公用设施及小品的制作

扫一扫　看视频

　　公共设施及小品包括的范围很广泛，像路灯、路牌、围栏、汽车停靠站、遮阳雨棚、座椅、雕塑、假山等都属于公共设施及小品的范畴。它们在整个景观环境模型中所占的比例较小，却起到画龙点睛的作用。制作时要注意其与建筑风格应保持一致并与模型比例相协调。

　　制作公共设施及小品的材料很多，如有机玻璃板、ABS 板、吹塑板、泡沫塑料、金属线、大头针、橡皮、纸黏土、石膏、金银锡箔纸等。具体制作时，可以根据需要选材，按比例进行仿真制作。

1　路灯

　　路灯适合用在较大的模型中，在主干道两边、广场周围根据设计需要选用高架灯或地灯。在制作此类配景时，应特别注意尺度。路灯的实际高度为 6 ～ 8 m，模型灯可按比例算出。此外，制作时还应注意路灯的形式与建筑物风格及周围环境相协调（见图4-9）。

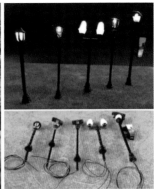

图 4-9　灯具制作效果

2　雕塑的制作

自制的雕塑小品分两类：一类是抽象雕塑，可以用自行车钢丝、钢珠、不锈钢片以及有不锈钢效果的即时贴制作，也可以用有机玻璃块、珠光项链、玻璃球制作；另一类是具象雕塑，可以用橡皮泥、粉笔、石膏块等材料雕刻后涂以白色油漆或金银粉。雕塑小品的底台用有机玻璃片或小木块制作，外贴岗纹板（纸），效果会更逼真。

3　假山石的制作

园林绿化中的假山石小品在场景中起到了很重要的作用：假山能组织和分隔空间；假山是造景小品，可以点缀风景；假山是不可缺少的造园要素，在园林中起着十分重要的构景作用。园林假山的制作方法有以下几种。

（1）超轻黏土假山。

首先，准备一块深色的超轻黏土和一块纸板（贴上草皮，容易造型）。用超轻黏土捏出不同造型的假山形状，随意组合。其次，涂上颜色，假山制作完成。假山的颜色可根据设计来涂装，如图4-10所示。

（a）轻质黏土　　　　　　（b）造型　　　　　　（c）上色

图 4-10　超轻黏土假山制作步骤

（2）泡沫假山。

制作假山用到的材料一般是泡沫、双面胶或者 KT 板。把泡沫、双面胶裁成不同大小的长方形块，可以随意造型。根据设计，给假山设计不同的造型，最后涂上颜色（见图 4-11）。

灰色颜料　　　　　勾线笔

（a）KT 板造型　　　（b）颜料和工具　　　（c）上色

图 4-11　泡沫假山制作步骤

（3）纸假山。

先把卫生纸打湿（水不要太多），根据假山的大小决定卫生纸的用量（尽量不要浪费）。 在草地上涂上白乳胶，根据自己的设计用打湿的卫生纸给假山造型，需要用到白乳胶进行黏合，最后涂上颜色（见图 4-12）。

卫生纸　　白乳胶　　水

（a）材料　　　　　（b）造型　　　　（c）白乳胶　　　（d）成品

图 4-12　纸假山制作步骤

园林假山还可以用盆景中的吸水石砸成小块，用 801 强力胶黏结成各种形状的假山，也可以先将大孔苯板泡沫块切削成假山石，再用灰、白、黑三色水粉颜料涂染，并适当粘贴少数绿色草粉或花粉，效果也很理想。山丘坡地的陡坡石岩、山区公路的断壁石岩，也可用同样的方法处理。图 4-13 所示为制作的假山效果。

图 4-13　景观假山效果

4 小凉亭的制作

园林绿化中的小凉亭可购买成品盆景中的凉亭（用陶土烧制的），再适当地用水粉颜料填涂瓦顶色、立柱色；也可用彩色纸、牙签自制瓦顶与立柱。有的模型商店也有成品模型凉亭（金属焊制）出售。建筑模型包含的装饰小品非常丰富，形式也非常多样，对于各种小品的表现方法也各异，在此不能够穷举。通过对上面一些典型的装饰小品的制作方法的了解，在自己制作过程中不断总结经验，就可以摸索出很多新方法，这也是模型制作的乐趣所在。图 4-14 所示为制作的凉亭效果。

图 4-14　景观凉亭效果

5 围墙的制作

围墙的制作方法如下。

（1）缝纫机机轧法。取缝纫机针一根，将针头掐断 5 mm 并安装在缝纫机上；取 0.5 mm 厚的赛璐珞片一张；用缝纫机压脚将其压住，调好孔距，轧出等距圆洞直线；按墙高的要求，每条保存一排针孔裁下，贴在模型底台上就成了透空围墙。

（2）贴纸法。取 1 mm 厚的透明有机玻璃片一张，按墙高的要求裁成小条备用；取所需颜色即时贴一张，画好等距直线；取皮带冲子一个，孔径视围墙高度而定，在划好的直线上等距隔行打孔；裁下，贴在已裁好的有机玻璃条上，即成透空墙，如图 4-15（a）所示。

（3）栅栏制作法。在 1 mm 厚的透明有机玻璃片上视情况划出等距平行线，将黑色、棕色等丙烯染料涂进划痕，根据栏高要求按划痕垂直方向裁下，粘在所要求的位置上即成栅栏。

在制作小比例围栏时，有两种方法。方法一：先将计算机内的围栏图像打印出来，必要时也可手绘，然后用复印机将图像按比例复印到透明胶片上，并按其高度和形状裁下，粘在相应位置上即可制成围栏。方法二：将围栏的图形用勾刀或铁笔在 1 mm 厚的透明有机玻璃上做划痕，然后用选定的广告色进行涂染并擦去多余颜色，即可制成围栏，如图 4-15（b）所示。

在制作大比例的围栏时，选取比例合适的金属线材，拉直并用细砂纸打磨外层，按其尺度分成若干段，先焊接，焊接完毕后用烯料清洗围栏上的焊锡膏，再用砂纸或锉刀修理各焊点，最后喷漆。

（a）贴纸法围墙效果　　　　　　　　　　（b）围栏效果

图 4-15　景观凉亭效果

4.3.4　标题、指北针、比例尺、解说词的制作

标题、指北针、比例尺、解说词等是模型的又一重要组成部分，它们一方面有示意性功能，另一方面也有装饰性功能。因此，在制作前需要仔细选择与模型氛围相协调的字体，确定字号大小，选择合适的部位，使整个模型上的字体颜色和材料相协调，具体如图 4-16 所示。下面介绍几种常见的制作方法。

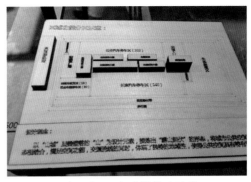

（a）即时贴制作法效果　　　　　　（b）腐蚀板及雕刻制作法效果

图 4-16　标题、指北针、比例尺、解说词的配制

1　有机玻璃制作法

用有机玻璃将标题、指北针及比例尺制作出来，然后将其贴于盘面上，这是一种传统的方法。此法立体感较强并且醒目。有机玻璃制作法的不足之处在于，有机玻璃板颜色过于鲜艳，往往和盘内颜色不协调。

2　即时贴制作法

很多模型制作人员采用即时贴制作法来制作标题字、指北针及比例尺。先将内容用电脑刻字机加工出来，然后用转印纸将内容转贴到底盘上。这种制作方法简捷、方便。另外，即时贴的色彩丰富，便于选择。

3　腐蚀板及雕刻制作法

腐蚀板及雕刻制作法是档次比较高的一种表现形式。

腐蚀板制作法是以 1 mm 厚的铜板做基底，用光刻机将内容拷到铜板上，然后用三氯化铁来腐蚀，腐蚀后进行抛光处理，并在阴字上涂漆即可制得漂亮的文字标牌。

雕刻制作法是以单面金属板为基底，用雕刻机切割所要制作的内容的金属层，即可制成。

总之，无论采用何种方法来表现，都要求文字内容简单明了，字的大小选择要适度，切忌喧宾夺主。

4.4　道路的制作

景观模型中的道路有车行道、人行道、街巷道等。制作比例不同，道路的表现方法也不同；景观风格和道路的功能不同，选用的材料的质感和色彩也不同。

道路在建筑模型中的表现方法不尽相同，它随着比例尺的变化而变化。下面介绍一下道路的具体制作方法。

一般来说，比例尺较小的模型如 1 ： 2000 ～ 1 ： 1000的模型，路网的表现要求既简单又明了。对于主路、辅路和人行道的区分，要统一地放在灰色调中考虑，用其色彩的明度变化来进行路的分类。作为主路、辅路和人行道的高度差，在规划模型中是忽略不计的。在比例尺较大的模型制作中，如 1 ： 300 左右的模型，除了要明确示意道路外，还要把道路的高差反映出来。

道路交通是景观空间的骨架，它不仅是各个空间的边界，还是连接各个节点的桥梁；不仅是形成空间层次的重要途径，还是组织人流动线的媒介。图 4-17 就很好地通过道路的制作，形成了多样的空间形态，提升了景观的空间层次。

（a）多样的空间形态　　　　　　　　　（b）丰富的空间层次

图 4-17　道路设计与表达

道路的形式多种多样，景观模型的道路制作可以利用的材料和表现形式也多种多样。我们在景观模型的道路制作时需要注意两点：其一，注意弄清楚景观空间中人的行走方向，连接各个模型景观节点，保证可达；其二，注意路面的材料和色彩是否与整个景观模型的环境风格相协调。

 ## 4.5　绿化环境的制作

扫一扫 看视频

在景观模型的制作中，植物占有景观体量的 80% 以上，它是组织空间和烘托空间氛围的重要手段。在模型制作中也有多种材料形态去反映空间植物，尤其意向模型中的植物和人物的表现方法更是多样化。植物的颜色不一定要用单一绿色的仿真树，可以根据整体的氛围选择植物的颜色，甚至不一定要用三维立体的，二维平面的植物也可以形成不错的效果。使用不同材料可以形成不同风格的植物，将原有的植物简单晾干，如满天星、水晶草、薰衣草等小颗粒植物，这些干花都有不同的颜色，也能根据模型的不同需求烘托相应的景观氛围，如图 4-18 所示；也可以用卡纸、瓦楞纸、丝瓜瓢、泡沫板、玻璃纸等材料制作模型树，如图 4-19 所示。只要模型玩家开动脑筋，就可以根据模型整体的氛围选择植物材料和形式。

（a）常见的模型植物干花材料　　　　　　（b）满天星在模型中的应用

图 4-18　干花模型植物及应用

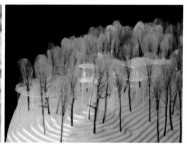

（a）瓦楞纸、卡纸　　　　　（b）卡纸树的应用　　　　　（c）玻璃纸树的应用

图 4-19　各类植物材料及应用实例

　　模型的绿化环境是模型色彩的基调。有了好的绿化环境，模型的色彩将会清新和谐、充满生机。下面介绍几种常用的绿化形式和制作方法。

4.5.1　草坪

1　颜色选择

草坪占整个盘面的比例相当大，因此尽量选择深绿色、土绿色或橄榄绿色较为适宜。

因为深色调显得稳重，而且可以加强与建筑主体和绿化细部间的对比，但也不排除为了追求形式美而选用浅色调的草坪的情况。在选择大面积浅色调的草坪时，应充分考虑其与建筑主体的关系。同时，还要通过其他绿化配景来调整色彩的稳定性，否则将会造成整体色彩的漂浮感。

2　制作方法

第一种方法：按图纸的形状将若干块绿地裁剪好。裁好后，按其具体部位进行粘贴。在选用即时贴类材料时，一般先将一角的覆背纸揭下进行定位，并由上而下地粘贴。粘贴时一定要把气泡挤压出去，假如不能将气泡完全挤压出去，不要将整块草坪揭下来重贴，因为即时贴属塑性材质，揭下时用力不当会造成草坪变形。所以，遇气泡挤压不尽时，可用大头针在气泡处刺上小孔进行排气，这样便可以使粘贴面保持平整。在选用仿真草皮或纸类做草坪进行粘贴时，要注意黏合剂的选择。如果往木质或纸类的底盘上粘贴时，可选用白乳胶或喷胶；如果是往有机玻璃板底盘上粘贴时，则选用喷胶或双面胶来粘贴。在使用白乳胶时，一定要注意将胶液稀释后再使用，而选用喷胶粘贴时一定要用高黏度喷胶。

第二种方法：先用厚度为 0.5 mm 以下的 PVC 板或 ABS 板，按照绿地的形状进行裁剪，然后再进行喷漆，喷洒染成绿色的干锯末、粉化后的绿泡沫或成品草粉（用植草机种植草坪效果更好）。干燥后，用吸尘器或电吹风将未粘上胶的草粉（干锯末或绿泡沫粉）处理掉（见图 4-20）。

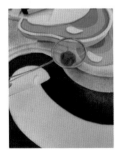

图 4-20　草坪制作效果

4.5.2　山地绿化

1　颜色选择

山地绿化与平地草坪的制作方法不同。平地草坪是使用绿化材料剪贴或喷洒染色完成的；而山地绿化，则是通过多层板材堆叠粘贴制作而形成的。山地绿化的基本材料常用自喷漆、绿地粉、胶液等。山丘绿地的制作是在山丘坡地地基上用橄榄绿或深绿色自喷漆做底层喷色处理的。

2 制作方法

喷漆处理时，先按山地的形状用塑料膜做出遮挡膜或者直接用几层软纸湿润覆盖遮挡。揭膜时，注意不要破坏漆面。待第一遍漆喷完后，及时对造型部分的明显裂痕和不足进行修整后再上第二遍漆。待喷漆完全覆盖基础料后，将底盘进行风干。然后在山地上均匀地涂刷胶液，再喷洒染成绿色的干锯末、粉化后的绿泡沫或成品草粉（用植绒机种植草坪效果更好）。在喷洒时，可以根据山的高低及朝向调整色彩的变化，喷洒完后可轻轻挤压，以增强黏结效果，然后将其放置在一边干燥。干燥后，用吸尘器或电吹风将未粘上胶的草粉（干锯末或绿泡沫粉）处理掉。最后对有缺陷的地方稍加修整即可完成山地绿化。图 4-21 所示为山地绿化制作效果。

图 4-21　山地绿化制作效果

4.5.3　树木

1 模型树的作用及分类

树是建筑与环境模型中必不可少的部分，它对建筑起到很好的烘托作用，同时也是一种很好的参考比例，可以引导人们按比例来理解建筑。树的模型可分为抽象树和具象树，根据模型的风格选择合适的树形。模型制作中，树的大小依据模型比例要求调整大小，这样制作的模型树会更加接近真实场景中的比例。

2 模型树的制作方法

（1）用泡沫塑料制作模型树。制作树木所用的泡沫塑料一般分为两种：一种是常见的细孔泡沫塑料，也就是我们俗称的海绵，这种泡沫塑料密度较大、孔隙较小，但这种材料制作树木时的局限性较大；另一种是模型制造者常说的大孔泡沫塑料，其密度小、孔隙大，是一种较好的制作树木的材料（见图4-22）。

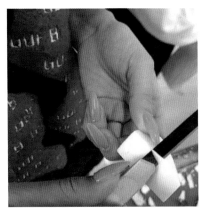

图 4-22　用泡沫塑料制作树

（2）用干花制作树。在制作树木时，首先要根据模型的风格、形式选取一些干花作为基本材料，然后用细铁丝捆扎，捆扎时要注意树的造型，枝叶要疏密适中。捆扎后，人为地修剪，如果树的颜色过于单调，可以用自喷漆上色，应注意喷漆的距离，并保持喷漆呈点状散落在树的枝叶上。

（3）用纸张制作树。利用纸张制作树木，是一种比较流行且较为抽象的表象方法。在制作时，首先选好纸张的色彩和厚度，最好选择有肌理的纸张（绢丝），按照尺度和形状进行裁剪。这种树一般是由两张纸片进行十字插接组合而成的。

（4）用袋装海藻制作树。在大比例模型中，多利用袋装海藻制作观赏树。不用喷漆，把它们撕成大小、形状合适的比例树形，下面插上顶端带乳胶的牙签即可。

4.5.4 绿篱

1 绿篱的定义和分类

绿篱是通过剪修而成型的一种绿化形式。制作绿篱的材料有很多，主要分为两大类：自然素材和人造素材。自然素材有松树球果、青苔、干花、小树枝、豌豆、落叶松等；

人造素材有很多，常用的有洗瓶刷、保丽龙球、毛线、海绵、纸、泡沫、钢丝绒等；还有很多其他的材料，甚至生活中的废品都可以根据需要进行利用。

2　绿篱的制作方法

如果绿篱模型的比例尺较小，可直接用渲染过的泡沫或面洁布，按其形状进行剪贴。

不同形状的绿篱强调对形态轮廓的高度概括，这是一种抽象的表现手法。我们可以用松树球果、纸球、豌豆、保丽龙球、海绵、泡沫来制作不同形态的绿篱，根据需要保持原色或者染上颜色。如果绿篱模型的比例尺较大，需要先制作一个骨架，其长度与宽度略小于绿篱的实际尺度，而后将渲染过的细孔泡沫塑料粉碎，颗粒大小应随模型尺度而变化。待粉碎加工完毕后，在事先制好的骨架上涂满胶液，用粉末进行堆积，注意其体量感。可以通过若干次重复动作达到预期效果，如图 4-23 所示。

图 4-23　绿篱制作方法

在市面上还有很多已经做好的树木和灌木丛的模型出售，但是这些模型只有少部分具有通用性，大部分模型的形状、颜色、细节不适于我们的模型。所以，我们在使用的时候要注意模型的比例大小，最好的方法是自己动手制作我们自己的"树"和"绿篱"。

4.5.5 树池和花坛

1 树池和花坛的材料选择

树池和花坛也是环境绿化中的组成部分，虽然面积不大，但是如果处理得当可以收到非常好的景观效果（见图 4-24）。制作树池和花坛的基本材料可选用绿地粉、大孔泡沫塑料、发泡海绵、锯末屑和塑料等。

图 4-24　制作的树池和花坛模型

2 树池和花坛制作方法

（1）绿地粉制作。先将树池或花坛底部用白乳胶或胶水涂抹，然后撒上绿地粉。撒完后用手轻轻按压，然后将多余部分处理掉。

（2）大孔泡沫塑料制作。先将染好的泡沫块撕碎，然后用胶将其堆形。

（3）塑料屑、木粉末制作。根据花的颜色用颜料染色，然后粘在花坛内，再将花坛用乳胶黏结在模型的相应位置上。

4.6 优秀作品赏析

 4.6.1 景观模型设计构思的流程

1 搜集资料

根据要求，选择合适的设计案例，进行深入的推敲，基础资料尽可能细致、齐全。常见的资料包括平面图、立面图、剖面图、鸟瞰图、效果图，以及 SketchUp 模型等。

确定选定空间的设计概况、风格、特点、理念，对模型表达的效果、材料，以及对有突出表现的特点、位置做到心中有数。

2 分析资料

确定模型比例，根据场地面积和模型制作的尺度，确定合适的比例关系；确定模型制作风格，是用写意风格表达景观的空间环境氛围，还是用写实的手法体现真实的景观效果。

对场地景观元素包括地形、空间、植物、水、地形、道路、小品设施等进行分析。首先，梳理场地高差关系，判断地形特征，确定场地相对地平标高位置，分析具体的高差数值以及高差表达方式；其次，确定水体高差和驳岸处理形式，注意与周边环境协调处理；再次，根据景观风格，确定植物的色系以及表达方式；最后，确定其他景观小品和构筑物的比例、材料、色彩以及表达形式。

通过资料分析，对模型重点表达的内容要做到心中有数，明白我们要表达什么以及如何去表达。

 4.6.2 景观模型设计制作的流程

制订模型工作计划，进行模型制作准备。根据要求，同学们分组或单独进行模型的制作；分个人、时间节点做好相应的工作和安排，以便能够确保模型制作的顺利进行。景观模型制作流程如图 4-25 所示。

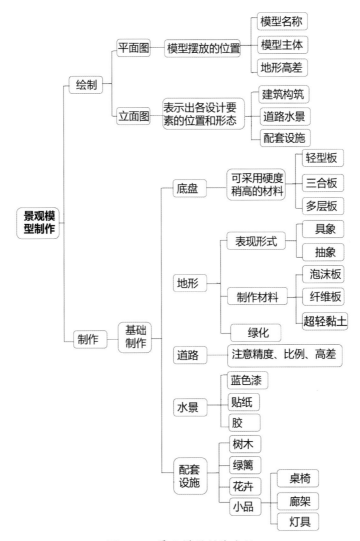

图 4-25 景观模型制作流程

4.6.3 景观模型制作方法与实践（学生作品——苏州园林狮子林）

狮子林是中国古典私家园林建筑的代表之一，属于苏州四大名园之一。狮子林同时也是世界文化遗产、全国重点文物保护单位、国家 AAAA 级旅游景区。

1 基础资料分析

狮子林位于苏州城内东北部。因园内石峰林立，多状似狮子，故名"狮子林"。狮子林平面呈长方形，面积约 15 亩 [①]，林内的湖石、假山多且精美，建筑分布错落有致，

---

① 1 亩 ≈ 666.7 m²

主要建筑有燕誉堂、见山楼、飞瀑亭、问梅阁等。传统造园手法与佛教思想相互融合，以及近代贝氏家族把西洋造园手法和家祠引入园中，使其成为融禅宗之理、园林之乐于一体的寺庙园林。

通过对基础资料的深入分析，了解整个园区的空间关系、建筑布局、水系关系、植物样式等信息，对模型重点表达的内容做到心中有数，明白要表达什么以及如何表达（见图 4-26）。

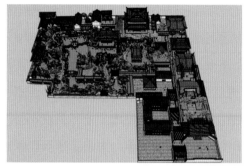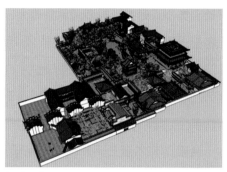

图 4-26　基础资料分析

2　确定模型制作风格

通过对基础资料的分析，设计者决定用写实风格来表达狮子林的景观效果，以体现狮子林的园林特点，表现出林内的湖石假山多且精美、建筑分布错落有致的景象。

3　制作材料的准备

材料：白乳胶、雪粉、自然石头、白色小木棍、红色小木棍、剪刀、草粉、PVC 板、白胶、毛笔、尺子、自然界的植物素材（松树枝、满天星、干花、枯树枝）、裁纸刀、钢丝、瓦楞纸、贴纸等，如图 4-27 所示。

图 4-27　制作材料

4　成果展示

（1）指柏轩（见图 4-28）。

图 4-28　指柏轩实景图与模型效果对比

（2）问梅阁（见图 4-29）。

图 4-29　问梅阁实景图与模型效果对比

（3）湖心亭（见图 4-30）。

图 4-30　湖心亭实景图与模型效果对比

（4）祠堂（见图4-31）。

图4-31　祠堂实景图与模型效果对比

（5）古五松园（见图4-32）。

图4-32　古五松园实景图与模型效果对比

（6）荷花厅（见图4-33）。

图4-33　荷花厅实景图与模型效果对比

（7）燕誉堂（见图4-34）。

图 4-34　燕誉堂实景图与模型效果对比

（8）全景效果（见图4-35、图4-36）。

图 4-35　各视点效果图（一）（学生作业：陈小容、薛诗丹、黄钰婷、曹雨欣）

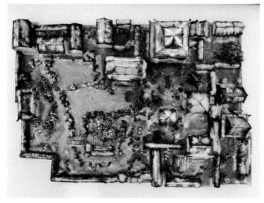

图 4-36　各视点效果图（二）（学生作业：陈小容、薛诗丹、黄钰婷、曹雨欣）

思 考 题

1. 景观地形制作有哪些方法？
2. 水体制作可以用哪些材料？
3. 小品设计中的假山有哪些制作手法？
4. 景观模型制作的流程是什么？

第 5 章　室内环境模型制作

重点及难点

1. 掌握图纸尺度比例与模型尺度比例的计算方法。
2. 掌握图纸绘制方式。
3. 掌握模型制作的裁剪与组装方式。

　　室内空间的模型制作是室内设计专业学生需要掌握的基本能力，能够帮助学生加强对室内空间设计的理解；将二维图纸转换为实体的三维空间，帮助学生更好地了解设计方案的优缺点，提高自身设计能力。因此，室内环境模型制作是模型制作的基础。

5.1　室内模型制作的比例、尺度及空间功能

　　在制作室内空间模型时，首先要明确所制作模型对象的整体面积，将所需制作的室内模型图纸进行分类整理（平面图、立面图、剖面图、效果图等），学会根据空间面积去计算更加合理的模型的制作比例，明确想制作的实体模型大小、内部空间和外部空间占比。在所需制作图纸齐全后，再展开模型的制作工作。前期工作的准备和比例问题是室内空间模型制作的重点和难点，比例计算的正确性、合理性是关乎模型是否合理的基本前提。

在制作室内模型时，需要根据原始结构图纸进行设计来完成平面图纸、立面图纸及效果图，便于后期模型制作工作的展开。图5-1～图5-5所示为原始图纸到设计效果图纸及轴侧图，图纸的完整性决定了模型制作工作能否顺利展开。

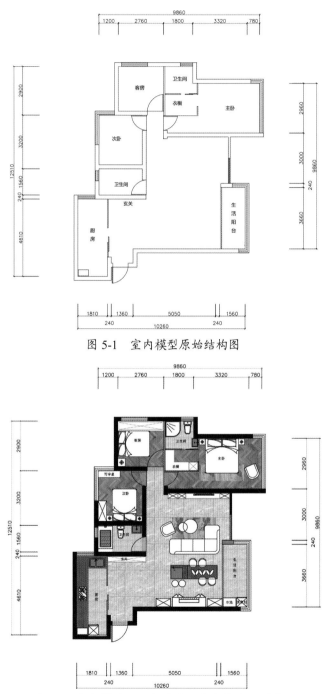

图 5-1　室内模型原始结构图

图 5-2　室内模型平面布置图（学生作业：刘纯）

立面展示
Facade display

剖立面展示

图 5-3　室内模型到立面图（学生作业：刘纯）

主要空间展示
Main space display

开放式的餐厅和客厅融为一体，客餐厅凭借大开放、高通透、强功能、兼具实用与社交功能的特点，尤其是陈列一体柜，深受青睐。赋予生活新的定义。全景落地窗的设计，是视觉艺术与听觉艺术的融合。空间里的橙色跳动色彩给整个氛围律动感。

客餐厅

图 5-4　室内模型效果图（学生作业：刘纯）

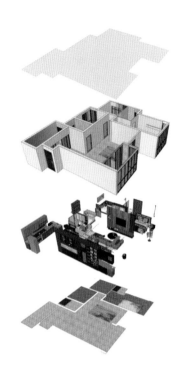

图 5-5 室内模型效果图（学生作业：刘纯）

制作室内环境模型通常选用的模型底板大小包括 600 mm×600 mm、800 mm×600 mm、800 mm×800 mm、600 mm×1000 mm 等不同尺度，根据所制作模型面积大小，按比例在底板中定制具体位置和大小。制作模型比例大小通常包含 1∶20、1∶25、1∶30、1∶50 等，根据制作模型的复杂程度和场地及面积大小，可以适当地调整比例，以方便后期的模型制作。

室内环境模型制作前期，首先要明确室内空间主要包含了哪些具体的空间功能，针对各空间功能所承担的角色制定具体的制作方法，提前构思、准备材料，列清并计算材料清单，展开室内模型制作，有计划地进行，避免浪费材料和制作时间；室内空间模型的制作过程往往需要分组进行，组员需要有一个整体的制作思路，即设计分析—制作过程准备—分工安排三个步骤，它是保证室内模型制作完成的基本前提，如图 5-6～图 5-8 所示。室内模型制作比例确定及具体制作过程，会使用到比例尺进行比例换算。同时，在拷贝图纸时要注意图纸叠放平整等相关规范要求。

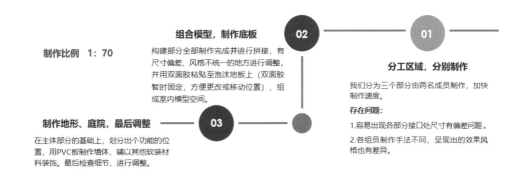

制作比例　1：70

组合模型，制作底板 02
构建部分全部制作完成并进行拼接，有尺寸偏差、风格不统一的地方进行调整，并用双面胶粘贴至泡沫地板上（双面胶暂时固定，方便更改或移动位置），组成室内模型空间。

01
分工区域，分别制作
我们分为三个部分由两名成员制作，加快制作速度。
存在问题：
1.容易出现各部分接口处尺寸有偏差问题。
2.各组员制作手法不同，呈现出的效果风格也有差异。

制作地形、庭院，最后调整 03
在主体部分的基础上，划分出个功能的位置，用PVC板制作墙体，辅以其他软装材料装饰。最后检查细节，进行调整。

图 5-6　室内模型制作比例确定及制作过程（学生作业：刘纯）

图 5-7　用比例尺进行比例缩放

图 5-8　复制图纸时，图纸要叠放平整

5.1.1　居住空间模型制作

居住空间是设计专业学生学习专项室内空间课程的基础，是最接近我们日常生活环境的室内空间类型，功能分区主要包括门厅、客厅、餐厅、厨房、卫生间、卧室、书房、娱乐室、阳台等。每个空间为了满足人们不同使用行为的需求，有针对性地设计不同功能的家具进行布置，根据人机工程学的相关要求，注意空间中不同家具的尺度也需要在模型制作中体现。

室内模型需要按照空间功能进行制作，室内空间中每个墙体、门窗、家具的制作都需要注意比例正确、选材合适、精巧细致，以满足不同使用功能的需求。除了保障最基本的功能之外，室内模型空间的美观性也是需要考虑的因素，使用单一的材料进行制作还是根据所需家具、地面、墙面材质的实际颜色、样式去制作室内模型也是在制作模型工作展开前需要确定清楚的问题，避免浪费人力、物力。图 5-9 所示的室内模型的制作包含墙体、家具的具体样式。图 5-10 绘制室内彩色平面图确定室内模型空间的材质。

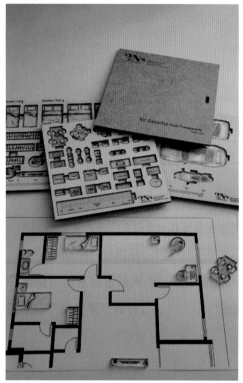

图 5-9　室内模型制作

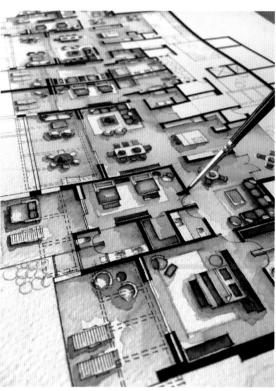

图 5-10　室内平面图纸

5.1.2　室内模型制作过程中的常见问题

1　图纸绘制问题

在绘制图纸时，往往容易把模型图纸与设计图纸混淆起来。图纸问题会直接影响模型材料切割的准确性，使切割出来的模型板材无法使用，出现材料浪费、延误时间等问题。在制作时需要注意模型图纸是在设计图纸的基础上产生的，在分解图纸时每一个面都是一个相对独立的个体。例如，客厅空间分为六个不同的平面、立面（地面、顶面、沙发背景墙、电视背景墙、阳台与客厅之间的墙体、客厅与餐厅之间的衔接）。也就是说，学生应该从空间概念上去理解图纸，将图纸进行拆分，准确计算每一个面的具体尺度比例，避免把不在同一平面空间的两个形体误认为一个形体，从而使图纸不符合制作要求。

平时在进行模型制作时需要强化训练学生对图纸的空间理解能力，锻炼学生的空间尺度感。在模型制作过程中，要掌握图纸的平面与立面的结合转换，互相参照、理解，避免在分解图纸时出现尺度对不上、缺少构件等系列问题，从而精确地分割材料，做出比例适合的规范模型。图 5-11 所示为从手绘设计模型图纸到每一块组合面的裁剪过程，模型中的每一个面都需要做到有图纸可依据、有尺度可计算、有统一比例。

图 5-11　模型图纸的绘制与裁剪

2 手工切割问题

在模型制作中，手工切割比机器切割更容易出现问题，常见的问题有面误差大、切口粗糙、角度不精确、容易受伤等。特别是对不规则形体的切割，更容易出现这些问题。

在进行切割时，需注意切割时切割点定位不精确、切割工具使用不当、角度把握不合理、用力不够等。如何在切割过程中避免切割的误差是模型制作者关注的重点，因为是手工切割，所以在切点定位上更加要求精确，针对不同质地的材料需要用不同的切割工具。在切割时一定要控制好力度，做到均匀、稳定。合理地使用切割辅助工具，从而减少各种问题的产生。图 5-12 所示为使用美工刀裁剪 PVC 板。图 5-13 所示为使用剪刀裁剪 0.2 mm 有机玻璃板。

图 5-12　使用美工刀裁剪 PVC 板

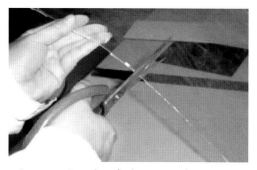
图 5-13　使用剪刀裁剪 0.2 mm 有机玻璃板

3 拼接组装问题

室内模型的组装通常可以使用专用的模型胶或者大头针、卡扣等。

制作模型有专用的模型胶，常见的为白乳胶、502 胶、UHU 胶，针对不同材质、不同衔接方式选择适合的模型胶。

白乳胶的优点是用途最广、固化较快、黏结强度较高、黏结层具有较好的韧性和耐久性且不易老化，对泡沫没有腐蚀性，如图 5-14 所示。

UHU 胶可以用在 PVC 板对墙体进行固定，但不可与泡沫接触，因为会产生腐蚀性，如图 5-15 所示。

502 胶属于硬质胶水，用来拼接组装家具较为合适，如图 5-16 所示。图 5-17 所示为用 502 胶水组装楼梯模型。

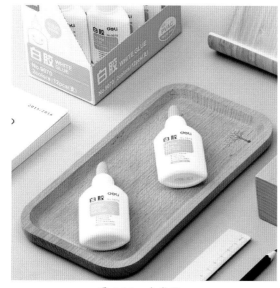
图 5-14　白乳胶

图 5-15　UHU 胶

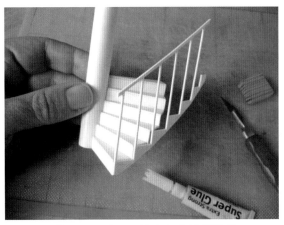

图 5-16　502 胶　　　　　　　　图 5-17　用 502 胶水组装楼梯模型

扫一扫　看视频

5.2　室内地面、顶面及墙面制作

室内空间是由六个空间界面组合而成的，即地面、顶面、四个墙体立面。在制作室内空间时需要根据 CAD 图纸按比例计算出准确的尺度。

根据图纸用模型材料 PVC 板裁剪出墙体立面，再依次将门、窗的位置切割出来，将墙体与墙体之间用模型胶水进行衔接固定，注意黏结之后需要停留一段时间，然后用其他物件进行支持，以保持模型的稳定性。室内模型的墙体框架制作完成之后，可以根据模型的整体风格选择整体的白模，或者使用彩色装饰纸对墙面、地面进行装饰，如图 5-18 所示。先将墙体与墙体衔接，再将墙体与地面衔接，如图 5-19 所示。图 5-20 所示为用模型胶水加固，图 5-21 所示为根据图纸整体进行墙体调整，图 5-22 所示为用于稳定、固定墙体待模型胶水干透，图 5-23 所示为完成墙体的整体制作。图 5-24 所示为粘贴彩色墙纸。

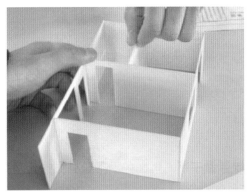

图 5-18　墙体与墙体衔接　　　　　　图 5-19　墙体与地面衔接

图 5-20　用模型胶水加固

图 5-21　整体调整

图 5-22　用手固定来稳定墙体

图 5-23　完成墙体的整体制作

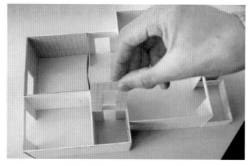

图 5-24　粘贴彩色墙纸

 ## 5.3　家具及软装制作

扫一扫 看视频

　　家具是室内模型中对空间进行设计的主体表现，往往能够体现设计的整体风格，制作家具可以与墙体选用一样的材料进行制作，也可以使用与家具原本材质一致的材料进行制作。

家具的制作尺度需要符合人机工程学的具体规范，根据墙体的制作比例，等比例地完成家具的制作，根据每个空间功能的不同制作不同功能的家具，最后加以布艺软装进行整体搭配，以呈现出理想的室内设计效果。如图 5-25 所示，室内家具的种类丰富多样，根据使用功能、人群、风格会形成不同的室内设计效果。

图 5-25　家具模型样式及软装配饰

如图 5-26 所示，生活中的矿泉水瓶盖也可以用来制作家具，将瓶盖处理干净后用布艺进行包裹可以做成沙发模型，变废为宝，这也是可持续发展理念的表现。

图 5-26　用矿泉水瓶盖制作家具模型

如图 5-27 所示，将木板裁剪为合适的尺度后，使用模型胶进行固定，为了形成丰富的视觉效果，将原木色的木板与白色 PVC 板进行组合连接，形成北欧设计风格的室内组合家具。

图 5-27　木板与 PVC 板组合制作家具模型

　　如图 5-28 所示，用 PVC 板根据抽屉柜尺度先将材料进行裁剪，再用模型胶水进行组合，也可以根据设计风格将白色模型贴上装饰贴纸，加上拉手配件，形成完整的柜体模型。

　　如图 5-29 所示，室内空间家具模型制作的统一性和整体性要求在制作家具模型时需要注意其空间色调统一、材质统一，最后根据比例尺度进行整体模型制作。

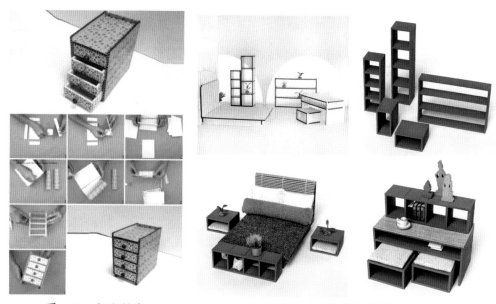

图 5-28　柜体制作　　　　　　　图 5-29　整体家具制作

如图 5-30 所示，用布艺和棉花等软性材料进行家具靠包的制作，还原现实生活中沙发家具的样式，增加室内模型的真实感。

如图 5-31 所示，室内家具模型也可以采用纸板进行制作，纸板的裁剪会更加方便。用纸板制作家具时可以用牛皮纸胶带进行组合，形成具有包边的家具设计效果。

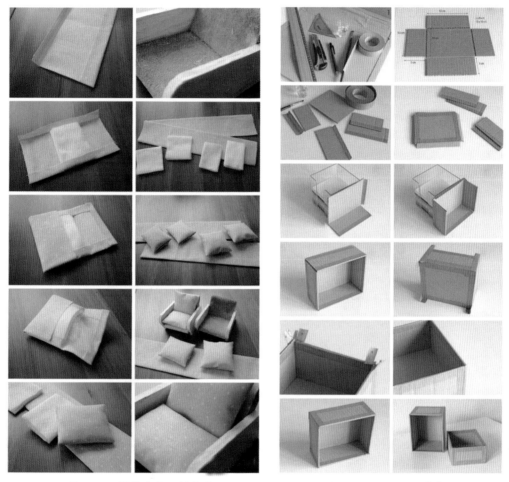

图 5-30   制作沙发及软靠包   图 5-31   用纸板制作家具

生活中我们经常见到的雪糕棒也是制作家具模型的主要材料，图 5-32 所示为用雪糕棒制作的电视机模型，在中间留出空白的位置粘贴电视剧画面，使制作的电视机更加真实。图 5-33 所示为用雪糕棒制作沙发的整体框架模型，中间可以根据沙发软靠包制作的方式来进行沙发坐垫模型的制作。将两种家具模型制作方法综合运用，这种方法在模型制作时可以重复出现，从而更好地呈现室内设计的理念，展示设计方案的优缺点。图 5-34 所示为用雪糕棒制作的茶几模型。图 5-35 所示为用雪糕棒制作的带靠背的椅子模型。在制作模型时可以多发掘不同材料进行家具模型制作，但需要注意家具尺度的合理性。

图 5-32　用雪糕棒制作电视机模型

图 5-33　用雪糕棒制作沙发和茶几模型

图 5-34 用雪糕棒制作茶几模型

图 5-35 用雪糕棒制作椅子模型

图 5-36 所示为用绿色卡纸制作室内的绿植点缀。如图 5-37 所示，使用剪刀将白色卡纸剪出茶几的桌面样式，然后用大头针和橡皮泥进行衔接组合，形成不同的家具模型效果。如图 5-38 所示，使用不同材料制作小圆凳，最后加上几何纹贴纸进行装饰，以增加家具的美观性。

图 5-36 用卡纸制作绿植模型

图 5-37 用卡纸制作茶几的桌面样式

图 5-38　用木条和木棍制作圆凳模型

如图 5-39 所示，将室内空间中的家具根据功能需求制作完成之后，根据图纸上的具体位置进行放置，由于室内模型的大小不同，放置时可能会存在一些问题，可以用镊子进行稳定放置，以免破坏室内模型的墙体等。每个功能空间的家具都放置完成后，需要进行整体检查，从而查漏补缺并进行调整，以求呈现好的室内模型效果，如图 5-40 所示。

图 5-39　放置家具

图 5-40　家具制作完成

5.4　灯光布置技巧

　　室内模型整体制作完成后，需要对室内空间进行整体的灯光设计，灯光布置的位置与我们所画的天花布置图相对应，如图 5-41 所示。室内空间的灯主要分为吊灯、落地灯、筒灯、壁灯等，但由于室内模型通常是用来展示室内空间设计的，所以通常不制作顶面，只需对壁灯之类的装饰灯进行布置，从而提升室内空间整体温馨的氛围和室内模型的整体设计效果。

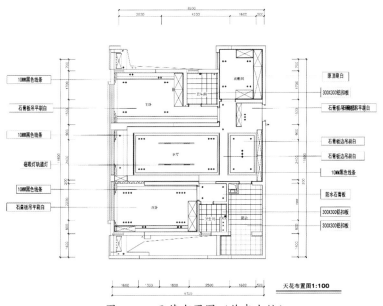

图 5-41　天花布置图（作者自绘）

　　如图 5-42 所示，先将制作完的墙体模型进行灯光位置布置的确定与定位，再根据所观察确定的位置进行灯光放置，将灯光布置完成，调试灯光在室内空间的整体效果，如图 5-43 所示。

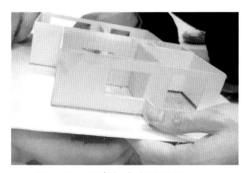

图 5-42　观察灯光布置位置

图 5-43　灯光效果

如图 5-44 和图 5-45 所示，灯光布置完成后放置家具，进行整体的调整，完成室内环境模型制作。

图 5-44 室内空间家具及灯光制作完成顶视图　　图 5-45 室内空间家具及灯光制作完成轴测图

⬡ 5.5 优秀作品赏析

　　室内环境的模型制作是环境设计、室内设计的基础实践课程，在教学中常常利用模型的制作提高学生的空间理解能力，学生通过实际制作可以增强自己的动手能力和设计能力。图 5-46 所示为学生整体制作完成的室内环境模型，根据设计图纸统一整体室内风格制作客餐厅模型，沙发选用布艺进行制作，选用棉麻布料还原场景的真实性，茶几用木板直接裁剪成圆形，餐桌用木板加蕾丝布艺进行制作、装饰，椅子用木板加木棍进行整体制作，窗帘使用布艺进行装饰，竹签作为窗帘杆，墙面配以纸质装饰画，最大限度地用模型还原室内空间设计创意及构思。

　　如图 5-47 所示，将墙体制作完成后，在卧室空间中用木板制作床的骨架及床头柜，再用米色棉布进行床上用品的制作，让软质材料与硬质材料相结合。为了使室内空间整体色调统一，让卧室窗帘与客厅窗帘样式相呼应，衣柜采用 PVC 板进行制作，使用黑色记号笔进行勾边，增加衣柜的装饰效果。

图 5-46　室内客餐厅模型制作（学生作品：季沁雯、樊康灵、王雨）

图 5-47　室内主卧模型制作（学生作品：季沁雯、樊康灵、王雨）

如图 5-48 所示，用木板制作床的骨架，再用灰色棉布进行床单制作，用米白色棉布制作靠包和床上铺巾，窗帘色彩与床上靠包呼应，衣柜及卧室门均采用 PVC 板进行制作，使用黑色记号笔画出门上装饰及锁具。

图 5-48　室内次卧模型制作（学生作品：季沁雯、樊康灵、王雨）

图 5-49 所示为客厅侧面视角，家具的制作高度要符合人机工程学的相关要求，注意家具之间的比例关系和距离要符合设计规范要求。图 5-50 所示，餐厅的家具配置通常除了餐桌还有餐厅边柜，所有家具的制作除了注意家具本身的尺度外，还需加强对过道空间和储物空间的整体规划，增加室内空间设计的使用性。

图 5-51 所示为书房视角，用木板或者 PVC 板制作书桌及家具，再用装饰贴纸进行装饰，进行家具的合理组合。图 5-52 所示为主卧和次卧整体轴测图。

图 5-49　客厅侧面视角
（学生作品：季沁雯、樊康灵、王雨）

图 5-50　餐厅视角（学生作品：季沁雯、樊康灵、王雨）

图 5-51　书房视角（学生作品：季沁雯、樊康灵、王雨）

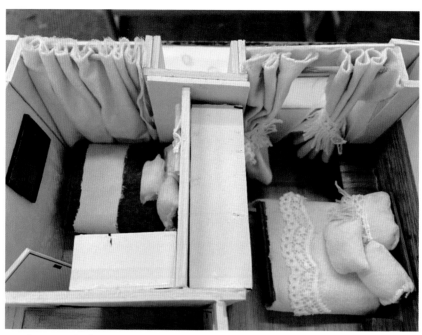

图 5-52　主卧和次卧整体轴测图（学生作品：季沁雯、樊康灵、王雨）

　　在模型制作完成后，可以从不同的视角进行拍摄，以求全面展示自己的设计方案，突出设计创意和设计亮点。图 5-53 和图 5-54 所示分别为窗户外面视角下的客厅和入口视角下的客餐厅设计。

图 5-53　窗外视角（学生作品：季沁雯、樊康灵、王雨）

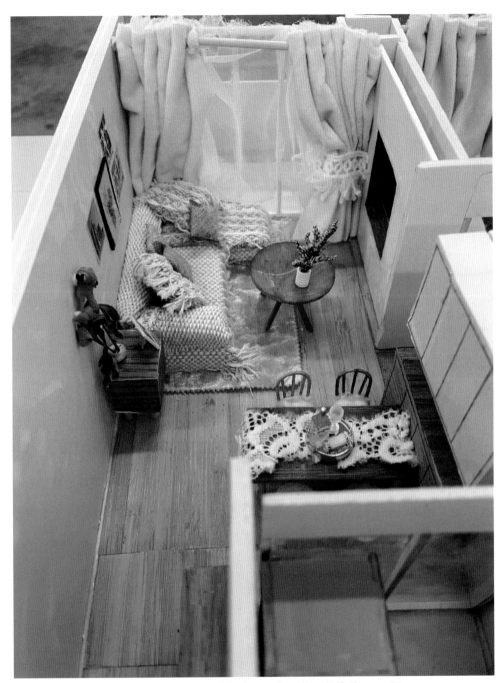

图 5-54　入口视角（学生作品：季沁雯、樊康灵、王雨）

室内模型制作完成后，学生可制作一张室内模型展板，对整体制作过程进行总结、回顾，这样有助于今后设计经验的积累、运用。展板中需要展示制作模型的工具、制作模型的过程及设计图纸、设计说明，注重整体模型制作的流程展示（见图 5-55）。

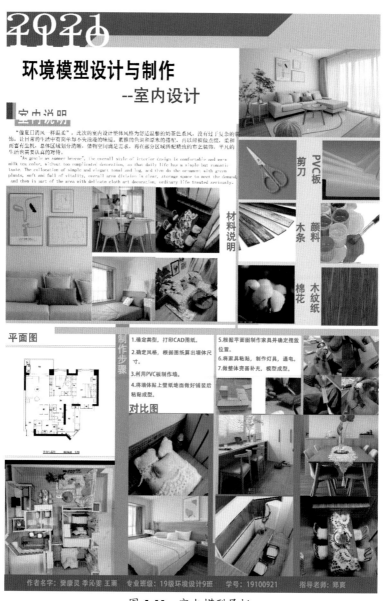

图 5-55　室内模型展板

思考题

1. 室内模型制作常见比例是多少？
2. 室内模型墙体制作需要注意哪些方面？
3. 室内模型中家具制作的材料有哪些？
4. 室内模型制作的流程是什么？

第6章 建筑模型制作

重点及难点

1. 掌握图纸尺度比例与模型尺度比例的计算方法。
2. 掌握图纸的绘制及整体规划技巧。
3. 掌握模型制作的裁剪及组合方法。

建筑模型制作是环境设计、建筑设计的基础实践课程，在教学中常常利用模型的制作提高学生的空间理解能力，帮助学生更好地了解设计方案的优缺点，提高自身的设计能力。建筑模型的制作与景观设计是相辅相成的关系，二者通常会综合地表现在建筑模型制作中，便于建筑与周边环境关系的设计融合。

6.1 新中式博物馆模型制作实例——苏州博物馆

6.1.1 搜集资料

扫一扫 看视频

根据制作要求，选择名家建筑设计案例，进行深化和制作，搜集设计的相关资料，主要包括整体建筑设计的总平面图、建筑立面图、建筑剖面图、整体鸟瞰图及效果图，以便于模型制作的分解和建筑结构的制作。

6.1.2 分析资料

作者将已经搜集的相关资料进行汇总，从难易程度和作者兴趣等方面进行考虑，最终确定制作苏州博物馆模型。首先，根据场地尺度和模型制作的尺度，确定模型制作比例；其次，对场地建筑结构和建筑模型制作材料进行分析；再次，梳理建筑与周边景观环境的关系，以及苏州博物馆中各建筑的组合关系，确定建筑的高度，分析具体选用哪些材料进行制作；最后，还应了解国际建筑大师贝聿铭设计苏州博物馆的设计理念、构思，便于展开建筑模型制作。

2006 年，苏州博物馆新馆正式对外开放，江南一隅的这栋建筑吸引了全世界的目光，有人评价："苏州博物馆首先是一座数字化博物馆的精品之作，它的风格、气派、内部功能的先进、运作程序的完善、布局安排的科学，都闪烁着现代建筑的光辉；同时它又是一座扩大了的中国庭院，一座别具一格的苏州园林。就连馆中两丛藤蔓，都专门选择江南四杰文徵明手植紫藤的根来嫁接，中华文明的信息无不在其间流淌传承。"图 6-1 所示为苏州博物馆建筑实景图，图 6-2 所示为苏州博物馆馆内实景图。

图 6-1　苏州博物馆建筑实景图　　　　图 6-2　苏州博物馆馆内实景图

6.1.3 整理资料

将关于苏州博物馆的所有图纸按照鸟瞰图和平面图进行分类，如图 6-3 所示。

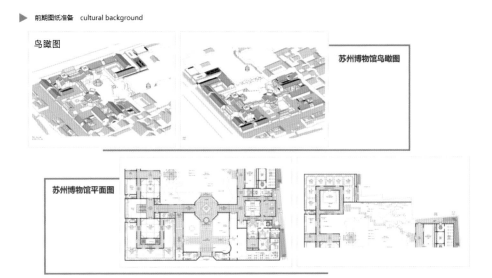

图 6-3　苏州博物馆建筑前期图纸准备（1）（学生作业：余晨、徐英豪、何海洋、孟传滨）

　　在图纸整理的过程中要及时总结所遇问题，图 6-4 所示为本组学生在制作中搜集、整理图纸总结的问题。

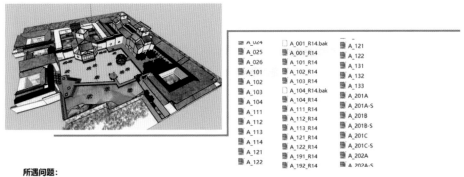

图 6-4　苏州博物馆建筑前期图纸准备（2）（学生作业：余晨、徐英豪、何海洋、孟传滨）

6.1.4　制作工具的前期准备

　　如图 6-5 所示，将制作建筑模型的工具（钢尺、直尺、碾子、刻刀、美工刀、勾刀）、粘贴工具（胶枪、胶棒、白乳胶、U胶、双面胶、502胶）、模型树工具（钢丝树、塑胶树、塑料竹子、青绿草粉、枯草粉、落叶粉、金黄色树粉、白色草粉）、贴图工具（水纹纸、大理石贴图、瓦楞纸、透明PVC板、黑色贴纸）等基础制作材料准备好。由于建筑模型制作一般体量较大，所以通常会采取分工合作的形式。图6-6所示为学生整体的分工准备，制作分工；共同研究苏州博物馆模型，同学们找到各自感兴趣的部分进行制作。

如图6-7所示，根据分工及模型设计图纸将PVC板按比例进行裁剪，使用钢尺、刀等工具切割PVC板，并用胶水进行粘贴，最终组成完整模型。

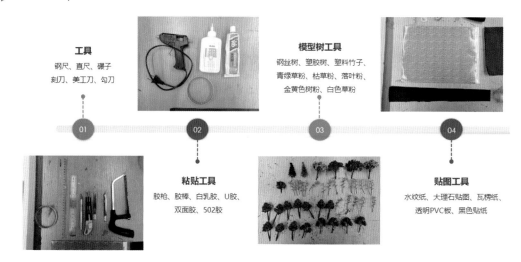

图6-5 制作工具的准备（学生作业：余晨、徐英豪、何海洋、孟传滨）

图6-6 切割PVC板　　图6-7 将切割完成的PVC板用胶水粘贴

（学生作业：余晨、徐英豪、何海洋、孟传滨）

裁剪制作中存在的问题：

（1）使用刀具问题，开始板材切割存在较大瑕疵，出现毛边等现象，后来使用砂纸进行打磨，并更换更加锋利的刻刀进行裁剪，基本解决了问题。

（2）模型结构较为复杂，多由小部件组成，角度容易出现偏差。

（3）粘贴处较多，且胶水痕迹明显。

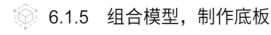

6.1.5　组合模型，制作底板

扫一扫　看视频

组合模型并检查是否有拼接处尺度不对的地方。在屋顶处粘贴瓦楞纸，在房屋连接处粘贴黑色贴纸（黑色贴纸需要剪至 0.2 cm，一条条粘贴，粘贴时需要细致耐心），如图 6-8 和图 6-9 所示。将所做模型粘贴至 900 mm×900 mm 的泡沫底板上，确定庭院、外景所在位置。

图 6-8　用瓦楞纸制作屋顶（学生作业：余晨、徐英豪、何海洋、孟传滨）

图 6-9　粘贴、裁剪瓦楞纸（学生作业：余晨、徐英豪、何海洋、孟传滨）

屋顶制作中存在以下问题。

（1）因 SketchUp 模型问题，与实际苏州博物馆新馆布局不符，存在误差。

（2）瓦楞纸、黑色贴纸粘贴工作量较大，需要耗费许多精力。

6.1.6 制作地形、庭院

（1）如图 6-10 所示，使用 PVC 板裁剪并粘贴出桥、台阶、庭院等模型，并贴上贴纸。

（2）如图 6-11 所示，使用透明 PVC 板制作亭子，并在透明板上画上黑色线条，制作亭子结构样式。

图 6-10　使用 PVC 板裁剪并粘贴出桥、
台阶、庭院等模型

图 6-11　使用透明 PVC 板制作亭子模型

（3）使用 PVC 板切割制作假山石，辅以造景泥上色。

（4）如图 6-12 和图 6-13 所示，使用草粉、树粉、枯叶粉制作草坪和地形。

图 6-12　使用草粉制作草坪和地形

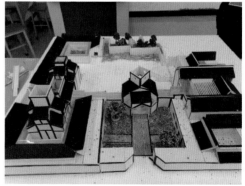

图 6-13　使用树粉、枯叶粉制作草坪和地形

（5）如图 6-14 所示，使用水纹板和打印水纹纸制作水体。

（6）如图 6-15 所示，进行整体效果调整。

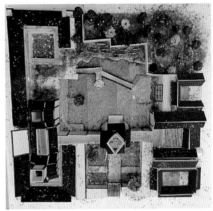

图 6-14　使用水纹板和打印水纹纸制作水体　　　　图 6-15　整体效果

如图 6-16 ～图 6-18 所示，整体模型制作完成后，为便于后期的设计、制作能力的提高，将模型制作过程中的效果与最终完成效果进行对比，将整体建筑模型与实景建筑进行对比。

图 6-16　模型制作过程中的效果与最终完成效果对比

与实景对比

图 6-17　实景建筑与建筑模型对比（1）

与实景对比

图 6-18　实景建筑与建筑模型对比（2）

　　模型制作完成后，可以选择不同的角度进行拍摄记录、分析，如图 6-19、图 6-20 所示。

　　建筑模型制作完成后，学生可制作一张建筑模型展板，对整体制作过程进行总结、回顾，这样有助于今后设计经验的积累和运用。展板中需要展示制作模型的工具、制作模型的过程及设计图纸、设计说明，注重整体模型制作的流程展示，如图 6-21 所示。

图 6-19　主入口视角效果展示　　　　图 6-20　侧方庭院视角效果展示

图 6-21　建筑模型展板（学生作业：余晨、徐英豪、何海洋、孟传滨；指导教师：郑爽）

6.2 现代艺术馆模型制作实例：凹舍——冯大中艺术馆

6.2.1 搜集资料

根据制作要求，选择艺术馆类建筑设计案例，进行深化和制作，搜集设计的相关资料，包括整体建筑设计的平面图、功能分区图、建筑结构图、效果图，便于模型制作的分解和建筑结构的制作。

6.2.2 分析资料

扫一扫 看视频

确定模型比例，根据场地尺度和模型制作的尺度，确定模型制作比例；对场地建筑结构和建筑模型制作材料进行分析。梳理建筑与室内环境的关系，了解建筑设计师的设计理念，以便更好地进行模型制作。

凹舍——冯大中艺术馆·伏虎草堂是辽宁省首座以艺术家的名字命名的个人艺术馆，位于本溪市，建筑面积为 3000 ㎡，分为工作室、公共展厅、居住区等部分，是一个混合式空间。建筑被设计成内凹的方形"砖盒子"，屋面凹形空间向中心汇聚，与三个室内庭院连接成一个整体。在"砖盒子"中，通过书院、竹院、山院的插入使得其内部空间变得丰富而有诗意，形成了"屋中院"，使建筑成为一个外部严谨厚重而内部灵动的独立世界。结合东北寒冷地域特征，专为该建筑定做了色彩温暖且有着良好保温性能的 600 mm 大砖，将砖像拉伸的网眼织物结构一样进行垒砌，放眼到整体便形成了建筑从不透明到透明的渐变，获得了新的质感与张力。外院的入口处是双层院墙，外实内虚。其设计理念是在中国传统的空间意识、文化意识，以及当下价值观的平衡统一下，营造出的一个现代化的东方式空间，如图 6-22、图 6-23 所示。

图 6-22　凹舍——冯大中艺术馆（1）

图 6-23　凹舍——冯大中艺术馆（2）

6.2.3　整理资料

　　将关于凹舍——冯大中艺术馆的所有图纸按照全景图、鸟瞰图和平面图进行分类整理。图 6-24、图 6-25 所示为凹舍——冯大中艺术馆平面图整理，图 6-26 ～图 6-29 所示分别为艺术馆部分立面图、效果图、鸟瞰图，方便分解建筑结构，理清制作思路，保证建筑模型的顺利制作。

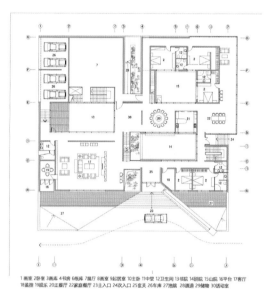

1 画室 2 卧室 3 画库 4 书房 6 纸库 7 展厅 8 画室 9 起居室 10 主卧 11 中堂 12 卫生间 13 书院 14 别院 15 山院 16 平台 17 客厅 18 监控 19 娱乐 20 正餐厅 22 家庭餐厅 23 主入口 24 次入口 25 玄关 26 车库 27 池院 28 通道 29 储物 30 活动室

图 6-24　凹舍——冯大中艺术馆一层平面图

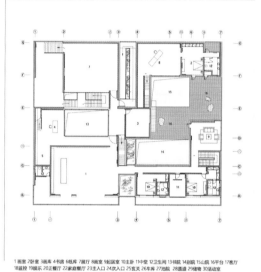

1 画室 2 卧室 3 画库 4 书房 6 纸库 7 展厅 8 画室 9 起居室 10 主卧 11 中堂 12 卫生间 13 书院 14 别院 15 山院 16 平台 17 客厅 18 监控 19 娱乐 20 正餐厅 22 家庭餐厅 23 主入口 24 次入口 25 玄关 26 车库 27 池院 28 通道 29 储物 30 活动室

图 6-25　凹舍——冯大中艺术馆二层平面图

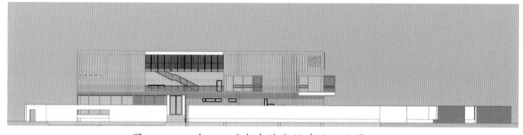

图 6-26　凹舍——冯大中艺术馆建筑立面图（1）

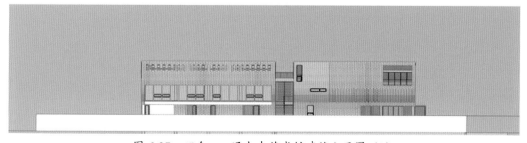

图 6-27　凹舍——冯大中艺术馆建筑立面图（2）

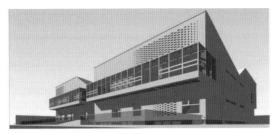

图 6-28　凹舍——冯大中艺术馆效果图

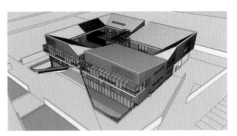

图 6-29　凹舍——冯大中艺术馆鸟瞰图

6.2.4　分析艺术馆内部结构

以凹舍——冯大中艺术馆的平面图为前提进行空间内部动线分析，厘清制作模型建筑的内部流通动线。图 6-30 所示为一层流线分析，图 6-31 所示为二层流线分析，图 6-32 所示为三层流线分析，图 6-33 所示为艺术馆的功能分区图。

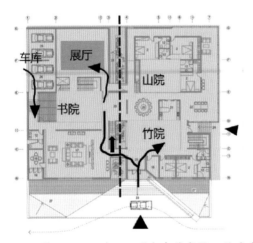

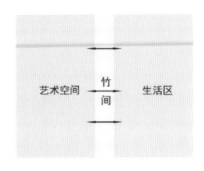

图 6-30　凹舍——冯大中艺术馆一层流线分析（学生作业：唐梦秋、夏思语）

图 6-31　凹舍——冯大中艺术馆二层流线分析（学生作业：唐梦秋、夏思语）

图 6-32 凹舍——冯大中艺术馆三层流线分析（学生作业：唐梦秋、夏思语）

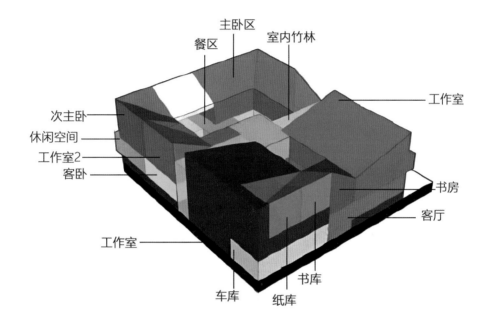

功能分区

图 6-33 凹舍——冯大中艺术馆功能分区图（学生作业：唐梦秋、夏思语）

6.2.5 制作工具的前期准备

将制作建筑模型的工具 [（美工刀、铅笔、胶水、直尺、双面胶），见图 6-34] 及制作建筑模型的材料 [（透明塑料板、草粉、PVC 板、材质贴纸、丝瓜瓤、瓦楞纸、磨砂纸、水景膏、雪粉、汽车模型等），见图 6-35] 提前准备充分，然后进行小组分工合作，确定建筑模型制作比例。

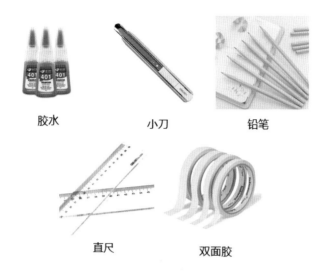

图 6-34 凹舍——冯大中艺术馆模型制作工具

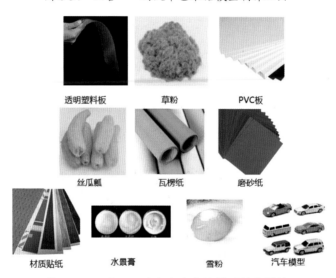

图 6-35 凹舍——冯大中艺术馆模型制作材料

6.2.6 组合模型，制作底板

如图 6-36、图 6-37 所示，先将前期准备的图纸打印出来，根据底板大小计算比例，确定每一块模型的尺度，之后将模型墙体和楼板边线按尺度绘制在准备裁切的 PVC 板上。根据绘制的每一块模型面大小进行切割裁剪（见图 6-38），并将每一块独立的墙体粘贴在已经裁剪好的楼板上（见图 6-39），最终形成一层整体模型（见图 6-40）。图 6-41 所示为室内楼梯模型的做法，其整体是采用 PVC 板制作的。

图 6-36　测量尺度

图 6-37　绘制墙体和楼板边线

图 6-38　切割裁剪并进行粘贴

图 6-39　将墙体粘贴在楼板上

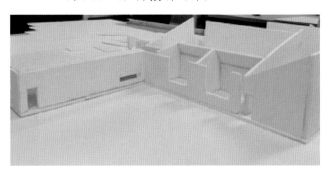

图 6-40　组合一层整体模型

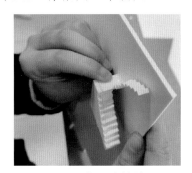

图 6-41　室内楼梯模型

　　根据上述步骤制作建筑第二层和第三层及屋顶（墙体制作方法参照本书第5章），屋顶选用瓦楞纸进行制作，如图 6-42 和图 6-43 所示。整体模型的具体分层完成后，开始制作建筑模型的底板，如图 6-44 所示。制作室内家具，如图 6-45 所示。将制作好的家具放置到建筑模型中，完成建筑模型内部家具模型的制作与放置规划，如图 6-46 所示。在墙体、家具整体制作完成后，将模型整体放置、固定到模型底板上，完成建筑模型主体的制作，如图 6-47 所示。后期根据设计整体制作外部景观（景观制作方法参照本书第 4 章），最后对制作模型进行整体调整。

图 6-42　二层整体制作

图 6-43　三层及屋顶制作

图 6-44　底板制作

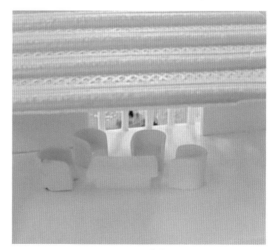

图 6-45　制作家具

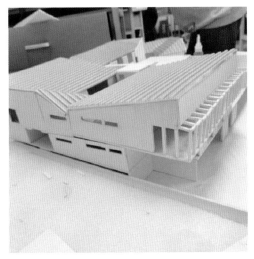
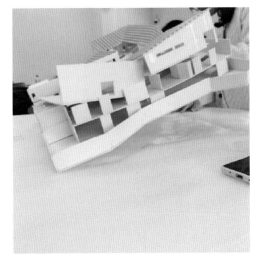

图 6-46　放置家具　　　　　　　　　　图 6-47　放置底板

如图 6-48 和图 6-49 所示，整体模型制作完成后，为便于后期的设计、制作能力的提高，将模型制作过程中的效果与最终完成效果进行对比，将整体建筑模型与实景建筑进行对比。

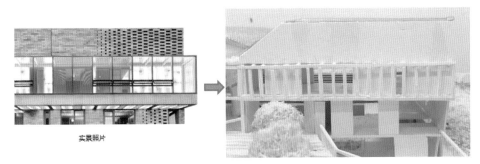

图 6-48　实景与制作模型对比

凹舍中的阳光盒子

东向和南向玻璃长廊为工作室及居住空间提供了充裕的日照，也让建筑立面变得更丰富。

图 6-49　凹舍中的阳光盒子实景与制作模型对比

整体建筑模型制作完成后，将建筑模型固定在底板上，制作景观，还可根据建筑模型需求增加绿化、停车场、灯光夜景效果。图 6-50 ～图 6-57 所示分别为不同视角的模型效果及建筑模型夜景效果。

图 6-50　模型鸟瞰图

图 6-51　模型建筑外视角

图 6-52　停车场夜景

图 6-53　建筑夜景效果（1）

图 6-54　顶面视角

图 6-55　建筑夜景效果（2）

图 6-56　模型整体效果　　　　　　　　图 6-57　建筑夜景效果（3）

　　艺术馆建筑模型制作完成后，学生将制作过程及模型成品整体进行排版展示，如图 6-58 所示，对整体制作过程进行总结、回顾，有助于提高学生的设计能力，增强学生的空间尺度感及动手能力。

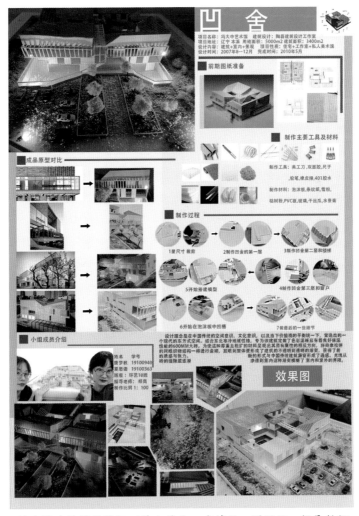

图 6-58　艺术馆建筑模型展板（学生作业：唐梦秋、夏思语；指导教师：郑爽）

6.3 优秀作品赏析

建筑模型的制作是环境设计、建筑设计的基础实践课程，在教学中通过模型的制作可以提高学生的动手能力和设计思维能力，学生通过搜集图纸、整理图纸、计算比例，可以提高专业能力。另外，建筑模型还需根据设计图纸选用合适的材料进行制作。建筑模型的墙体制作材料除了常用的 PVC 板外，薄木板也是建筑模型经常选用的材料。

6.3.1 圆形建筑制作赏析

扫一扫 看视频

在建筑模型的制作中，除了常规的长方形、三角形建筑模型外，还有一些圆形建筑模型，在制作中也会有许多不同的制作方法，如图 6-59 所示。制作圆形建筑模型，可以采用打孔的形式，先将圆形部分进行点状加工，便于异形裁剪。为了使模型整体色调统一，尽量选择色调和质感类似的材料，如用薄木板制作建筑主体，用干花及枯树枝制作树木，用泡沫球制作灌木装饰，用白色石子制作道路，如图 6-60 所示为制作完成的模型作品。

图 6-59　圆形建筑模型制作步骤

图 6-60　圆形建筑模型

图 6-61 所示为圆形建筑夜景图，加入灯光点缀，使整体模型温馨明亮。图 6-62 所示为夜景图远处视角。图 6-63 所示为圆形建筑鸟瞰夜景图，展示圆形建筑主体与周边景观之间的关系，加入灯光后建筑模型整体的温馨氛围明显提升。

图 6-61　圆形建筑夜景图

图 6-62　圆形建筑夜景远处视角

图 6-63　圆形建筑夜景鸟瞰图

如图 6-64 所示，在制作完整体模型后，使用展板进行模型制作总结与材料、制作过程分享，为其他建筑模型的制作者提供更多的设计参考。

图 6-64　建筑模型展板（学生作业：陈思雨、黄展倩、曾莎莎、童新宇；指导老师：刘艺轩）

6.3.2　多边形建筑制作赏析

扫一扫 看视频

在建筑模型的制作中，多边形建筑模型也是比较常见的类型之一。图 6-65 所示为多边形斜屋顶建筑模型制作，将 SketchUp 模型进行整理分析，用薄木板制作屋顶，木棍制作建筑的支撑结构，有机玻璃板制作玻璃幕墙，加上装饰灯光营造温暖的氛围。图 6-66 所示为建筑的其他视角。

图 6-65　SketchUp 模型与制作的建筑模型（1）

图 6-66　SketchUp 模型与制作的建筑模型（2）

图 6-67～图 6-69 所示为六边形建筑模型制作，用薄木板制作建筑地面和顶面，制作多边形建筑需要计算出每一条边的具体尺度，避免衔接不上，同样使用有机玻璃板制作落地窗及幕墙，用黑色的装饰线条制作窗框，周边用黄绿色草粉制作草坡（地形的具体制作方法可参考本书第 4 章），整体模型选择色调、质感类似的材料，使建筑模型制作更加整齐美观。图 6-70 所示为建筑模型加装灯光后的夜景效果。

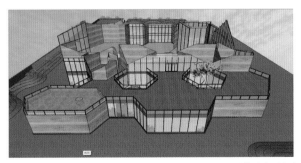

图 6-67　SketchUp 模型与制作的建筑模型（3）

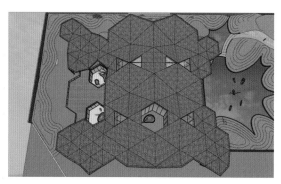

图 6-68　SketchUp 模型与制作的建筑模型（4）

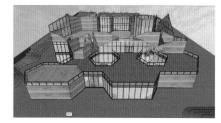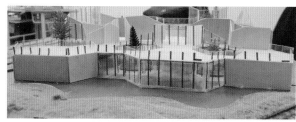

图 6-69　SketchUp 模型与制作的建筑模型（5）

图 6-70　建筑模型加装灯光后的夜景效果

如图 6-71 所示，在制作完整体模型后，对制作建筑模型过程中所搜集的图纸资料、制作工具及材料，制作过程的照片及最终完成的效果展示图片进行整理汇总，制作出精美的展板，为建筑模型作品做一个完整的总结及分享。

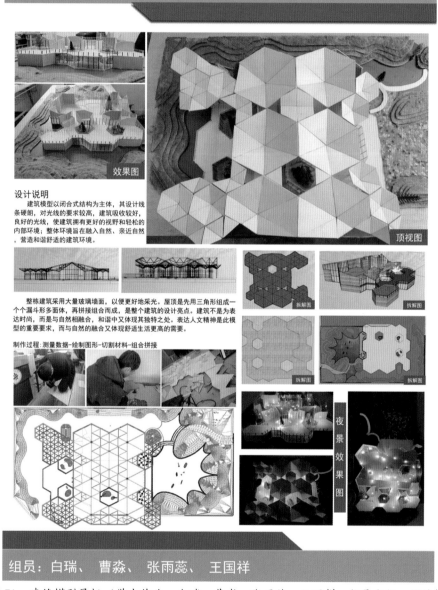

图 6-71　建筑模型展板（学生作业：白瑞、曹淼、张雨蕊、王国祥；指导老师：刘艺轩）

思 考 题

1. 建筑模型制作需要哪些材料？
2. 建筑模型制作步骤是什么？
3. 建筑模型的屋顶制作可以选用什么材料？
4. 建筑模型与景观模型如何融合？

第7章 建筑与环境艺术模型的摄影

🖋 重点及难点

1. 了解模型摄影的重要性。
2. 掌握基本的摄影理论与拍摄技巧。
3. 学会后期处理。

自1839年"达盖尔摄影法"公布至今约200年的时间里，摄影技术以前所未有的速度向前发展，其所涵盖的领域不仅越来越广泛，也吸引了更多的爱好者去体验现代摄影技术带来的革新与挑战。在建筑与园林艺术等领域所需要的模型存在易碎、搬运困难的特点，模型摄影已然成为审定方案、报批计划、指导施工以及归档存查等工作的重要表现手段。因此，在模型制作完成后，后期拍摄成为模型制作者保留自己作品和保存设计方案的一种重要途径。

模型摄影是指以特定的模型为拍摄对象，利用摄影技术进行成果展示和资料保存的一种方式。由于模型摄影是以模型为特定拍摄对象，所以在摄影器材的选用、构图、拍摄角度、拍摄环境、光线运用及背景选择与后期处理等方面，都围绕模型主体展开。

7.1　器材准备

模型摄影对画面精度的要求较高，且在拍摄时须满足采光角度正确、画面清晰、主体突出、背景协调、角度适宜等要求。同时，为了便于构图和更换镜头，在器材的选择上一般使用单反相机（见图 7-1）。在成像尺度方面，要尽可能选择优质的摄影器材；就拍摄用途来讲，用作普通资料的拍摄，通常选用 135 型相机及 1200 万像素以上的相机。选用这样的器材所拍摄出的照片变形小，景深适中。但有时为了追求特殊的效果或所拍摄的模型面积较大时，则需要选择广角变焦镜头进行拍摄。如果需要拍摄模型的某些局部或特写时，则需要选用近摄变焦镜头拍摄。每次拍摄时都要根据模型的特征认真选择焦距，多数情况下，35 ～ 70 mm 焦距的镜头基本可以满足我们的拍摄需求。

为了分别满足室内、室外拍摄的需要，特别是在光线较弱时，为确保画面清晰、对焦准确，一些相机配件能使我们的工作更加轻松，如三脚架、照明灯具、背景布及反光板等辅助器材也是不错的选择（见图 7-2）。

图 7-1　单反相机　　　　　　　　　　图 7-2　器材配件

7.2　构图

扫一扫 看视频

构图本是绘画艺术的术语，其中包含了丰富的理论知识和美学知识。摄影艺术在逐步发展中，也渐渐吸收、引入了这类美学观念。具体来说，摄影构图是指通过相机镜头进行经营画面的一种重要手段，是把各种视觉元素按照美学规律进行有效组织的一种布局方式，是全面体现摄影者思想和表现意图的一种实现过程。《辞海》对构图的定义为："艺术家为了表现作品的主题思想和美感效果，在一定的空间，安排和处理人、物的关系和位置，把个别或局部的形象组成艺术的整体。"

在摄影活动中，为追求构图所带来的画面美感，我们需要从空间关系、思维意识等方面进行经营布置。例如，空间上的构图，需要我们把三维空间中的模型对象（如点、线、面、色彩、明暗、质感、影调等构成元素）转化为由边框控制的二维空间进行有机组合，并尽可能地对无关元素进行剔除，突出拍摄主体或营造画面氛围，以期获得最佳的画面效果。思维意识上的构图，强调的是在空间关系完善的同时，把我们个人的审美意识、思想与情感赋予在摄影作品中，突出摄影主题，使摄影作品艺术化、形象化，增加感染力，以期引起观者的共鸣。

此外，画幅的选择、拍摄的角度与距离、光线的运用等都是影响画面构图的关键。

7.2.1 画幅对构图的影响

在模型的拍摄中，可以根据模型整体的造型特征、材质属性、审美趣味等，选择长宽比例合适的画幅进行拍摄。不同的画幅不仅影响拍摄效果，也常常影响观者的心理感受及视觉体验。虽然画幅的变更可以在后期处理中通过裁剪等方式进行调整，但在拍摄中能灵活掌握不同画幅的拍摄特点往往对画面的表现效果起到事半功倍的作用。

（1）1 ∶ 1画幅也称方画幅。方画幅边长相等、结构严谨，给人一种工整、质朴的感觉，对于造型端庄、肃穆的模型有较好的表现效果。其不足之处是画面稍显呆板，缺乏生动性。

（2）3 ∶ 2画幅较为接近黄金比例，在相当长的时间里也是冲印照片使用的主要画幅。该画幅给人的感受较为平稳，构图的要求也较为简易，画面均衡感比较容易掌握。

（3）4 ∶ 3画幅是相机进入数码阶段后最早流行的画幅。目前，大多数数码相机、单反相机、CRT显示器等都是4 ∶ 3画幅的。但由于此画幅拍摄的作品特点不够突出，近年来有被边缘化的趋势。

（4）16∶9画幅最接近黄金比例，也是所有画幅中较为流行的画幅之一。这种画幅拍摄出来的作品通常具备较好的视觉效果，除一般类型的风光题材摄影外，其他题材的摄影作品均以此画幅为主。

除以上常用的画幅外，还有5∶4画幅，这种画幅来源于大画幅相机，其主流画幅包括4英寸^①×5英寸和8英寸×10英寸。6∶12以及6∶17这两种画幅均来源于中画幅及宽幅相机，这两种画幅常用于大场景风光摄影中，在模型拍摄中不经常使用。

7.2.2　拍摄的距离、方向、角度对构图的影响

拍摄的距离、方向和角度，是指相机相对于被摄模型的空间位置而言的。拍摄时，方向的选择、角度与距离的推敲同样是影响画面构图的关键因素。

（1）拍摄的距离是指相机机位与被摄模型之间的空间距离。在进行距离的选择时，我们可以通过调整焦距或移动相机机位这两种方式来进行选择。需要注意的是，一般模型的细部在制作中会有一定的缺陷，在拍摄时距离不宜太近，通常1～3 m的距离较为合适。拍摄的距离要根据实际情况灵活选择，并结合拍摄的角度与方向进行整体调整。

（2）拍摄的方向是指拍摄点相对于被摄模型的方位。通常状态下，拍摄的方向包围在模型的周围，因此在360°范围内可任意选择机位。在模型摄影中，我们以正面拍摄为主，根据画面需要也可以采取前侧面拍摄、正侧面拍摄、后侧面拍摄、背景构图等多种拍摄方式。

（3）拍摄的角度是指相机机位相对于被摄模型所产生的夹角，模型拍摄角度的选择会影响模型最后的表现效果。拍摄模型时应根据用途及模型的特点选择角度。例如，在拍摄单体建筑模型时应选择主体建筑的正立面，角度不要太高或太过正中，选择靠一侧立面的正立面并且视点低于建筑物的中心水平线，这种拍摄角度更接近人的自然观察角度（见图7-3）。如果是规划模型和供设计、审批的模型，则需要选择高一些的视点，即俯视角度，其中包括正上方鸟瞰和主次立面（见图7-4）。由于俯视的拍摄角度提高了拍摄点的位置，镜头涵盖面较广，能清楚地展现模型的全貌，这样不仅能一目了然地表现整体规划的建筑布局，还能对模型的内部细节进行较好的表现。同

---

① 　1英寸=2.54 cm

时，俯拍也容易形成近大远小的透视效果，可以增强画面的空间纵深，强化视觉感受。当然，具体情况需要具体对待，如果是有坡地的规划模型就不要有太大的俯视角度。拍摄的角度与模型内的细节和表现力关系较大，所以最好从多个角度进行拍摄，以便有更多的选择。

为凸显拍摄意图或营造不同的画面效果，也可以采用平拍和仰拍的方式进行拍摄。平拍的显著特征是凸显拍摄者与模型间的平等交流，这样的拍摄角度所得到的照片较为自然、真实（见图 7-5）。但由于视角较低，对模型的整体造型与内部细节不能进行较好的展示。仰拍可以多运用透视原理突出被摄物体的主要特征，亦可掩盖模型中存在的缺陷或不足。

图 7-3　正立面拍摄

（模型提供：骆威、胡沂；摄影：陈荣）

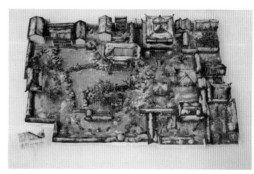

图 7-4　俯视拍摄

（模型提供：陈小容、曹雨欣、黄钰婷、薛诗丹；摄影：陈荣）

图 7-5　平拍模型

（模型提供：唐诺兰、钟雨倖子；摄影：陈荣）

7.2.3 光线角度变化对构图的影响

光线是摄影造型的重要手段，也是影响画面构图的关键。根据光线投射方向的变化，我们可以将光线分为顺光、前侧光、侧光、侧逆光、逆光等。在不同角度的光线下，模型所呈现的明暗面、投影等所占的比例也会产生明显的变化。在模型摄影拍摄中，应注重把握不同方向、不同角度的光线对画面构图所产生的影响，并能通过合理利用光线带来的变化获取最佳的拍摄效果。

1 顺光拍摄

顺光拍摄是指光线沿着镜头方向投射进行拍摄。顺光下，由于被摄模型受光较均匀，曝光控制相对简单，同时顺光拍摄可以对细节有较准确的反映，能够最大限度地保留模型的细节特征。但这种拍摄方式得到的照片色彩与明暗反差较小，照片的层次感、立体感及空间感较弱。因此，顺光拍摄适合拍摄框架感较强，点、线、面构成关系较为丰富的模型，以此达到增加画面美感的效果。

2 前侧光拍摄

前侧光拍摄是指光线从相机镜头左侧或右侧成一定锐角投射到被摄模型上进行拍摄，一般介于30°～60°之间（见图7-6）。这种光线在适当增加照片的对比度与反差的情况下，兼备了顺光拍摄下对大部分细节的保留，有利于凸显模型的质感而又不丢失画面层次。同时，这种光线下得到的照片使模型总体的明亮面多于背光面，也具有较为柔和的过度灰色，可丰富画面的层次，因此前侧光在模型摄影中运用较为广泛。

3 侧光拍摄

侧光拍摄是指光线从相机镜头前方左侧或右侧成约90°角投射到模型上进行构图拍摄。由于光线从正侧面投射过来，使得被摄模型容易形成受光面与背光面各占一半的画面效果，从而使拍摄照片的对比度与画面反差效果十分强烈（见图7-7）。这种光线下的构图，适合拍摄棱角分明、几何感突出、形式感较强的模型，同时也可以巧妙地采用低角度侧光进行拍摄，从而使模型主体阴影拉长，有利于增加画面的立体感，通常对体量感较小的建筑模型有着较好的拍摄效果。

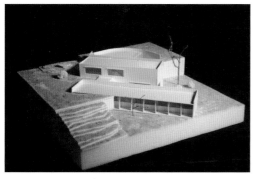

图 7-6　前侧光 30°～ 60° 拍摄

图 7-7　侧光 90° 拍摄

（模型提供：胡巍、陈越、谭玉中；摄影：陈荣）（模型提供：胡巍、陈越、谭玉中；摄影：陈荣）

 侧逆光与逆光拍摄

侧逆光与逆光拍摄是指光线从镜头左侧或右侧成一定的钝角或光线正对着镜头投射在模型上进行拍摄。这种光线下，正面望去模型超过 2/3 以上的面积处于阴影中。因此，在拍摄时模型会产生明显的边缘光，有利于表现模型的主体轮廓，同时具有比较强烈的剪影效果。对半透明或透明材质的模型拍摄时会产生明显的透视光，可以突出模型质感。但有时为了兼具模型整体及细节表现，可采用闪光灯、反光板等补光方式进行逆光拍摄。

 7.3　拍摄环境

 7.3.1　室内拍摄

扫一扫 看视频

 环境布置

在室内拍摄时，为了突出模型主体，一般我们会重点思考拍摄环境及背景。通常的布景是我们可以用纯色的背景布以 L 形铺在桌子上，此外也可以选择图画纸来代替。一般来讲，白色或浅灰色的背景布较受欢迎。如果所要拍摄的模型对象整体色彩较浅或较灰，也可以选择黑色、蓝色或者红色等较深的背景布，主要是为了衬托出模型主体（见图 7-8），同时也要考虑到整体色调的协调性，这要根据实际拍摄环境灵活掌握。

图 7-8　突出主体的模型拍摄

（模型提供：唐梦秋、夏思语；摄影：陈荣）

2 光源布置

在室内拍摄时，合理利用光源是拍摄的关键。一般来讲，光源由若干个灯具组成，我们称之为人造光。人造光分为主光和辅光两大类。在拍摄时，为避免出现多个画面中心，要确保主光源只能布置一个。在安排主光源位置时，若光源从正面照向模型进行拍摄，画面会显得呆板，同时为避免出现阴影面积较大或光线较为平淡，作为主光源最好放置在模型的侧面，成 30°～60° 角较为合适。

在没有专业影棚的情况下，为做到合理地布光，我们可以用家里的台灯或节能灯做主光，用尺度适合的泡沫板或白纸做反射面板。拍摄体积较大的模型时，在灯光下操作有一定限制，可以采用自然光为主光源并配合一定的辅助光进行拍摄，避免因光线布置不当而造成画面失真。

在专业影棚内进行拍摄时，可以根据拍摄意图及模型特征进行更精确的布光，如主光源、辅助光、背景光、轮廓光或者装饰光都可以进行组合布置（见图 7-9）。在使用影棚中的灯光时，为了更真实地还原模型本身的色彩，首先要设置好色温，如果未能准确设置，可借助白板或者灰板手动调整白平衡；也可使用 RAW 格式进行拍摄，为后期调整留有一定的空间，以期得到稳定的画面效果。

图 7-9　影棚布光

（1）确定主光源。

主光对画面起着主导性作用，在主光的设置过程中，要根据模型的整体造型特征、材质质感、明暗分配以及模型与背景的融合情况等来系统考虑主光源的光性、强度、涵盖面以及与模型的拍摄距离。通常情况下，用光性较柔的灯，如柔光灯等作为主光，而直射的泛光灯和聚光灯使用较少。

主光的位置通常要高于模型，主光的位置过低，会形成反常态的低光照明；而主光的位置过高又会形成顶光，使被摄体的侧面与顶面反差偏大。因此，多用 45°角进行布光，这样表现出来的光影效果较为均衡。

在主光布置完成后，要认真审视画面，并根据画面的需要决定是否添加辅助光、背景光、轮廓光等。

（2）添加辅助光。

在主光布置完成后，通常我们需要根据主光下的画面效果，来决定是否增加辅助光。添加辅助光主要是为了改善暗部及阴影的关系，同时亦可增加一定的灰色面，达到丰富画面层次的目的。值得注意的是，辅助光可以是一个也可以是多个，同时为了控制不必要的暗部及阴影，通常可以使用反光板，这样可以恰当地控制光比，并通过调整反光板的位置和远近等，调整模型的光量。比如，对整体颜色较浅的模型反光板可远些，而对颜色较深的模型反光板可近一些，从而得到较为协调的画面效果。

（3）设置背景光。

背景光的设置通常可以起到烘托拍摄主体或渲染画面氛围的作用。因此，在对背景光的处理中，既要讲究画面的对比，又要注意整体调性的和谐统一。在模型的室内拍摄中，通常模型的体量较小且与背景距离较近。一般我们以主光兼作背景光的方式进行拍摄，不需要对背景单独进行布光。比如，在模型主体与背景光比的具体控制中，我们可以选择合适的灯距、方位以及照明范围来进行控制，也可以通过使用不透明的遮光物在适当部位进行遮挡，以得到所需要的画面效果。

（4）添加轮廓光。

有些时候为了使模型主体从背景中分离出来，让模型产生明亮的轮廓，我们可以在灯光的布置中设置轮廓光。轮廓光通常采用聚光灯进行设置，它的光性强且硬，从而可以在画面上产生浓重的投影。需要注意的是，轮廓光并不是模型摄影中所必需的光线，只有当画面需要时才考虑添加，不然就会有画蛇添足之感或对画面产生相反的作用。因此，在光源布置时需要我们认真地调整灯位，并根据拍摄模型的整体特征选择是否使用轮廓光。

（5）添加装饰光。

装饰光属于小范围用光，主要是对模型的某些局部或需要强化的细节进行装饰性布光，对于想要重点表现的区域可以使用局部加光的方式进行表现。装饰性用光会在整体的影调中形成一个小范围的光影区域，在使用时要注意局部光线对整体影调的把握。

7.3.2　室外拍摄

扫一扫 看视频

在室外拍摄时，模型摄影的质量往往受环境、天气等外部条件的影响。拍摄时需要在模型的位置外进行选取，并对环境特点、自然光线的变化、模型的造型特征等方面进行认真构思，从而拍出好的模型照片，增强拍摄的真实性。

1 外部环境的运用

在室外拍摄时，我们可以选择地势平坦、开阔的地方摆放模型，以免造成模型倾斜或透视上的变形。在环境的选择上，要以围绕并突出模型主体为原则进行选取，避免因环境因素带来不必要的干扰。此外，也可以巧妙地运用周围环境的特点，将模型融入环境中进行拍摄。比如，在建筑摄影中，天空几乎构成了每一幅建筑摄影顶部的空间，对天空中出现的云、霞、彩虹抑或闪电等都可以作为画面的元素进行整体构思。这样不仅可以为摄影带来一定的动感，还可以丰富画面的结构与层次，增加画面的真实感与趣味性（见图 7-10）。另外，我们还可以巧妙地利用地平线的微妙变化同时增加一些前景，这样也可以给画面带来良好的纵深感。

2 室外光线的运用

在室外拍摄时，天气是无法预测的因素，不同天气下的光线会对拍摄造成不同的影响。晴天时，明亮的阳光会使模型自身产生较大的明暗反差，鲜亮的色彩、强烈的阴影，可以凸显模型的立体感。同时，在阳光的照射下，模型的材质也可以清晰地表现出来，模型上的不同组件也会因为色彩和光线的对比而显得更加突出（见图 7-11）。阴天或多云的天气则会大大降低这种反差与对比。柔和的光线，不仅会弱化模型自身受背光的对比，而且不会出现较强的反光及强烈的阴影。因此，在阴天或多云天气下拍摄会使照片缺少一定的节奏感和立体感。

图 7-10　融入外部环境模型拍摄

（模型提供：肖利也、梁慧玲；摄影：陈荣）

图 7-11　细节模型拍摄

（模型提供：陈小容、曹雨欣、黄钰婷、薛诗丹；

摄影：陈荣）

任何室外摄影对光线时机的掌握都相当讲究，不同时段拍摄的照片会给人的视觉感受带来不同的影响。特定时间下的光线投射在模型表面并反射到镜头中，能够最大限度地表达模型的曲面特征和造型特点。通常，在有阳光的清晨和傍晚都是比较好的选择，低角度的光照效果不仅可以凸显模型的明暗关系，还可以通过拉长的阴影达到强化模型立体感的效果（见图7-12）。在条件允许的情况下，尽量选择清晨和傍晚进行拍摄，如果是在傍晚因光线变暗而拍摄意犹未尽，则可以通过手动设置曝光来保证照片的亮度。

在建筑摄影中，通常我们把日落和黑夜之间的时间称为"蓝色时刻"。当太阳刚刚下山时，天空仍然会被间接照亮，而各种人造光也会打开，这种特殊的氛围会使天空具有强烈的色彩，并且折射出柔和的漫射光，从而增强画面的整体效果（见图7-13）。在清晨，我们也可以获得相似的效果，这些都可以为模型拍摄提供一定的思路。特殊天气下的模型拍摄也可以产生特殊的画面氛围，例如在雨中或雨后拍摄，水面或水滴则会产生有趣的反射并能增加画面的构成关系；雪天或雾天则会为建筑物带来超现实而又极具悬念的表现效果，不仅可以体现画面的矛盾感，还可以提高照片的艺术性，使照片更具写意色彩。

图 7-12　傍晚低角度模型拍摄

（模型提供：唐梦秋、夏思语；摄影：陈荣）

图 7-13　夜晚模型拍摄

（模型提供：唐梦秋、夏思语；摄影：郑爽）

7.4　后期处理

拍摄完成后，我们要根据画面所呈现的整体效果并按照一定的美学规律对拍摄时因考虑不够全面，或缺乏事先准备而未能达到理想效果的画面进行调整。在此需要注意的是，摄影的思维是从立体视像到平面影像的表述过程，而后期调整则是从平面影像到平面影像的表述过程。在模型摄影后期处理中，主要通过对画面的裁剪、调整对比、畸形修复等方式进行调整，从而达到画面的均衡与协调。

7.4.1　裁剪

裁剪是照片在拍摄完成后常用的画面调整方式，其目的是尽可能地裁去与画面主体无关的景象。比如，裁剪掉干扰和遮挡、横竖构图的变化等，使画面主体更突出、结构更紧凑、关系更合理，达到更加理想的画面效果。从照片裁剪的类别上看，裁剪主要分为事先准备的裁剪和后期调整的裁剪。

1 事先准备的裁剪

事先准备的裁剪是指在拍摄时就留有准备裁剪的空间。裁剪如同拍摄，照片的裁剪和拍摄一样，要做到"内容着眼，形式着手"。在拍摄时，我们经常受到环境、光线等的影响，在画面构图、影调等均衡关系无法做到一次到位的情况下，需要在拍摄前事先考虑好实际画面的位置与预期效果，以便在完成拍摄后进行有目的地裁剪。这种裁剪主要是以调整画面景别和调整画面格式两种方式来进行。

（1）调整画面景别

调整画面景别的目的是尽可能地裁去与画面主体无关的景象，使画面结构中的主体更突出、结构更紧凑、主体和陪体的关系更合理。在拍摄时，我们有时会遇到拍摄位置受到限制或画面构图无法一次到位的情况，所以在拍摄前需要事先考虑好实际画面的位置，以便在成片后有目的地裁剪。

（2）调整画面格式

在拍摄时，有时我们会遇到方体模型或较为理想的正方形构图，而我们使用的是3：2长方形画幅进行拍摄。这时我们就要考虑好画幅上、下或左、右的空白位置，便于后期裁剪。此外，我们还会遇到横、竖画幅选择的问题，这时横画幅和竖画幅均可拍摄，以便在后期裁剪时进行比较。

2 后期调整的裁剪

后期调整的裁剪是指在拍摄时考虑不够全面或事先缺乏准备的情况下拍摄的画面，必须有赖于后期重新调整的裁剪。就"裁剪"来说，这种调整显然是有限的，主要体现在像素的损失上。由于后期的裁剪是建立在损失原有像素的前提下进行的，因此在裁剪时，需要对画面结构和画面立意等进行重新审视与分析，并尽可能地在保证足够像素的前提下进行裁剪。

（1）分析画面结构

分析画面的平面结构，即平面影像是如何表述画面主题的。具体体现在画面的主体和陪体两者与主题的关系，画面的前景、背景与主题的关系，分析原画面的主体是否明确、突出，主体和陪体的关系是否合理，线形走势是否集中。

（2）分析画面立意

摄影的思维是从立体视像到平面影像的表述过程，而裁剪的思维是从平面影像到平面影像的表述过程。分析画面立意犹如面对一幅已经成为照片的平面影像重新进行三维思考。在裁剪过程中，我们可以从画面立意入手，分析照片的主题、主要表述的内容、传达的思想、构图的形式等，由明确的画面立意对原有的画面结构做出调整。

（3）分析造型语言

分析画面造型语言的运用，即原画面的光线条件，画面中模型的线形、影调和色彩的关系，画面与景物之间的对比、节奏的利用，以及画面原有景别、基调和均衡感的处理。

（4）调整画面布局

上述分析的最终目的是在原画面中找到与画面主题无关的影像，找到有碍主题表述的线形、影调和色彩，然后重新调整画面布局，即裁去无关的影像和有碍的造型元素，使画面主体更突出、线形走势更明确、主体和陪体的关系更合理，使画面更加切题、更加简洁。

7.4.2　调整对比

对比是摄影表述中最重要的一种形式语言，也被认为是摄影表述中最重要的修辞方法。照片中所呈现的影像都可以看作色、线、形、影等抽象元素的结合体，任何影像的实质都是对比关系在摄影中组成其画面的抽象元素对比的结果。

实际拍摄中，内容依赖特定的对比形式来突出被摄主体，提升画面美感。从形式上看，对比有多种表现方式，如远近对比、大小对比、形状对比、质感对比、曲直对比、疏密对比、虚实对比、明暗对比等。这些对比关系是在拍摄时通过画面构图体现出来的，后期处理时可以通过调整画面的明暗、虚实、色彩等进一步提升画面的结构形式。

1　调整明暗

强化视觉中心和画面其他区域的明暗反差，进而突出视觉中心点和主体在画面中的地位。在调整明暗对比时，一般将对比最强烈的部分作为视觉中心，其余部分处在暗影或弱光环境中，通过光影效果增强作品的艺术表现力；也可以将暗影部分作为视觉中心，使前景和背景之间形成大光比，弱化画面的主体细节，强化暗影的轮廓，从而形成特殊的光影效果，使作品具有独特的魅力。当然，这种处理方式多在风光摄影中运用，在模型摄影的逆光拍摄时，有时为追求特殊的光影效果，也可以采用这种方式进行处理。

2　调整虚实

虚实关系是摄影中一种比较特别的对比方式，通常分为前景虚化、背景虚化等。在模型摄影中，模型本身不存在虚实关系，但在相机的设置与镜头的运用下，可使画面达到虚实对比的效果，这是镜头特有的语言。后期处理时，通过虚化背景或周围环境，突出模型主体或强化视觉中心来强化虚实关系，进而渲染出画面氛围，达到提高画面艺术感染力的效果。

3　色彩对比

在一张照片中，各个色彩所占的比重、色彩搭配、色温关系等都会影响这张照片的情绪表达。色彩作为摄影不可或缺的造型元素，除了构图和光影外，最影响照片美观的就是对色彩的掌控。在后期处理时，可通过调整色彩的纯灰关系、明度关系、色温对比关系等显现出各自的个性差异，进而做到对色彩的真实还原。

7.4.3 畸形修复

在广角拍摄或较短的焦距拍摄时，图像容易产生畸变。在后期进行畸变调整时，可通过 Adobe Photoshop 这类主流的图像处理软件进行调整。随着使用软件时间的增长，每个人都会找到图像处理软件个性化的使用方式，不过我们通常会采用以下方式进行畸变和透视校正。

"滤镜 > 镜头校正"（Filter>Lens Correction）是比较理想的手动兼自动的图像透视和镜头扭曲的校正工具。在进行自动校正时，可以单击"镜头校正"中的"自动校正"（Auto Correction）选项卡并选中"几何扭曲"复选框，这样就可以校正图像中出现的桶形失真或枕形失真。在此我们应当注意的是"自动校正"需要手动设置相机型号、镜头类型等 Exif 原始数据来设置数据。点击此选项，PS 图像处理软件将计算出适当的修正值，并将它们应用到图像中。如果还有需要则可以选择"自动缩放图像"（Autoscale Image）选项进一步调校。

手动校正失真可以使用"自定义"（Custom）菜单栏中的"移除扭曲"（Remove Distortion）选项进行操作。这样可以校正广角镜头中典型的桶形失真，其最佳设置值取决于镜头和焦距。为了充分利用这种可视化控制，最好在这一步也进行透视校正，其最优值可以通过组合两个校正维度来确定。没有畸变的图像或者经过畸变校正的图像，可以用"编辑 > 变形"（Edit>Transform）命令进行透视校正。我们可以通过"视图 > 显示"（View>Show）命令拖出参考线或者打开网格，然后双击图层缩略图，并在弹出的对话框中单击"确定"（OK）按钮，使背景图层变成可编辑状态。通过"编辑 > 变换 > 透视"（Edit>Transform>Perspective）或"扭曲"（Distort）命令，使图像的透视可任意扭曲。重要的是不仅需要将图像上部向外扩张，同时也需要将图像下部向内移动，否则图像看起来像被垂直压缩了，而且强行插值之后会给图像上部带来明显的锯齿。

此外，我们还可以使用插件进行失真和透视校正。有些第三方插件工具也可用于校正变形和角度误差，如 PTLens、LenFi。这些插件的校正变形是建立在全面、大量的相机和镜头类型的数据库基础之上，所以它们甚至能够自动校正移轴镜头波形失真造成的扭曲。同理，软件也可以利用 Exif 原始信息数据进行正确的校正。

思 考 题

1. 为强化模型的体积，可以采取哪些方法进行拍摄？
2. 尝试通过不同的光源运用来达到模拟不同环境、不同时间段下的模型拍摄。
3. 为增加模型摄影的艺术性，你有哪些创意与拍摄技巧？

参 考 文 献

[1] 视觉新媒体 . 构图决定成败 [M]. 北京: 机械工业出版社 . 2013.

[2] 李映彤, 汤留泉 . 建筑模型设计与制作 [M]. 3 版 . 北京: 中国轻工业出版社 . 2017.

[3] 丁允衍 . 裁出佳片 [M]. 北京: 中国摄影出版社 . 2016.

[4] 阿德里安•舒尔茨 . 建筑摄影 [M]. 汪兰月, 译 . 北京: 中国摄影出版社 . 2017.

[5] 马宏伟 . 完美构图 [M]. 北京: 清华大学出版社 . 2014.

[6] 郎世奇 . 建筑模型设计与制作 [M]. 3 版 . 北京: 中国建筑工业出版社, 2013.

[7] 黄源 . 建筑设计与模型制作: 用模型推进设计的指导手册 [M]. 北京: 中国建筑工业出版社, 2009.

[8] 马春喜 . 建筑与景观模型设计制作 [M]. 北京: 海洋出版社, 2009.

[9] 朴永吉 . 园林景观模型设计与制作 [M] . 北京: 机械工业出版社, 2006.

[10] 刘俊 . 环境艺术模型设计与制作 [M] . 2 版 . 长沙: 湖南大学出版社, 2011.

[11] 刘学军 . 园林模型设计与制作 [M] . 北京: 机械工业出版社, 2011.

[12] 杨丽娜 . 建筑模型设计与制作 [M]. 北京: 中国轻工业出版社, 2017.

[13] 王卓 . 建筑与环境艺术模型制作 [M]. 大连: 大连理工大学出版社, 2014.